ÉDOUARD LUCAS

L'ARITHMÉTIQUE AMUSANTE

Elibron Classics
www.elibron.com

Elibron Classics series.

ISBN 0-543-94158-2 (paperback)
ISBN 0-543-94157-4 (hardcover)

This Elibron Classics Replica Edition is an unabridged facsimile of the edition published in 1895 by Gauthier-Villars et fils, Paris.

L'ARITHMÉTIQUE AMUSANTE

INTRODUCTION AUX RÉCRÉATIONS MATHÉMATIQUES.

L'ARITHMÉTIQUE AMUSANTE,

PAR

ÉDOUARD LUCAS.

Le calcul mental que prescrivent nos règlements et qui paraît chose si abstraite, conséquemment si difficile pour l'enfant qu'on y applique de primesaut, devient l'exercice le plus aisé, en même temps que le plus fortifiant, pour son intelligence naissante, s'il a été préparé comme il convient.

O. GRÉARD,
de l'Académie française,
Vice-recteur de l'Académie de Paris.

AMUSEMENTS SCIENTIFIQUES
POUR L'ENSEIGNEMENT
ET LA PRATIQUE DU CALCUL.

PARIS,

GAUTHIER-VILLARS ET FILS, IMPRIMEURS-LIBRAIRES,
QUAI DES GRANDS-AUGUSTINS, 55.

1895

AVERTISSEMENT

Nous avons trouvé, dans les papiers d'Édouard Lucas, trois cahiers intitulés : *l'Arithmétique amusante*. Le premier de ces cahiers porte la date de 1888.

Les nombreux travaux de Lucas ne lui avaient pas permis de commencer plus tôt la rédaction de cet Ouvrage auquel il pensait depuis plusieurs années.

Dans le discours prononcé à la distribution des prix du Lycée Saint-Louis, le 4 août 1885 [1], il parle, en effet, de *l'Arithmétique amusante,* qui est en préparation et qui doit paraître l'hiver suivant.

La publication de cet Ouvrage n'aura donc eu lieu que dix ans après l'époque indiquée.

(1) *Voir* la Note I, à la fin du Volume.

Nous adressons nos sincères remerciements à MM. Gauthier-Villars père et fils, qui ont mis le plus grand empressement à rendre ce nouvel hommage à la mémoire de notre ami si regretté.

H. Delannoy, C.-A. Laisant, E. Lemoine,

Membres de la Société Mathématique de France.

Paris, Juin 1895.

L'ARITHMÉTIQUE AMUSANTE

CHAPITRE PREMIER.

CALCULS ÉLÉMENTAIRES.

LE CADRAN MYSTÉRIEUX.

Minuit vient de sonner à l'horloge de bronze.
Un, deux, trois, quatre, cinq, six, sept, huit, neuf, dix, onze,
Douze! ....

Fig. 1.

Avec douze cartes d'un jeu de whist, de l'as à la dame, en passant par le dix, par le valet que l'on compte pour onze, et la dame pour douze, on figure un cadran et ses douze heures du jour ou de la nuit. On peut encore se servir des douze premières boules d'un jeu de loto ou encore de dés extraits d'un jeu de dominos. Si l'on n'a aucun de ces jeux, on dessine un cadran sur une feuille de papier et l'on marque les heures de une à douze. Cela fait, nous allons résoudre le problème suivant :

PROBLÈME I. — *Deviner l'heure pensée par une personne.* Vous dites à une personne de la société de penser une heure quelconque et d'ajouter un, mentalement, chaque fois que vous frappez sur le cadran avec une baguette ou un crayon, mais de dire vingt tout haut, au moment où elle arrive à ce nombre. Si vous frappez sept coups, au hasard, sur les heures du cadran et le huitième sur douze, le neuvième sur onze, le dixième sur dix, le onzième sur neuf, et ainsi de suite en décrivant le cadran à rebours, à partir de douze, il est facile de voir que la personne comptera vingt au moment où vous frapperez d'un coup de baguette la carte qui représente l'heure pensée.

On peut résoudre le même problème et deviner les heures pensées simultanément par plusieurs personnes; mais, en opérant plusieurs fois comme nous venons de le dire, l'artifice employé se devine aisément. On le complique par la méthode suivante.

PROBLÈME II. — *Deviner le nombre des points d'une carte d'un jeu de whist qu'une personne a pensée?*

Vous disposez les treize cartes de même couleur, trèfle par exemple, d'un jeu de whist, et vous les retournez en ayant soin de retenir l'ordre arbitraire dans lequel vous les avez placées.

Vous priez une personne de penser une carte en trèfle, depuis l'as jusqu'au roi, en comptant l'as pour un, le valet pour onze, la dame pour douze et le roi pour treize. Cela fait, vous dites à cette personne d'ajouter un, tout bas, au nombre des points de la carte pensée, toutes les fois que vous frappez sur une carte avec une baguette ou un crayon, mais de dire vingt tout haut, au moment où elle arrive à ce nombre. Si vous frappez d'abord six coups au hasard, mais le septième sur le roi, le huitième sur la dame, le neuvième sur le valet, le dixième sur le dix, le onzième sur le neuf, et ainsi de suite, et si vous retournez la carte sur laquelle vous frappez lorsque la personne compte vingt, vous retournerez précisément la carte pensée par cette personne.

On peut résoudre le même problème en faisant penser simultanément diverses cartes, en trèfle, à plusieurs personnes. Il est encore facile de l'amplifier avec les boules d'un jeu de loto ou des cartons sur lesquels on a écrit les premiers nombres aussi loin qu'on veut; mais il faut alors que le nombre fixé, vingt de l'exercice précédent, soit remplacé par un autre plus grand que l'avant-dernier des nombres écrits sur les cartons. On sait donc résoudre le problème suivant :

Problème III. — *Deviner le nombre pensé par une personne ou les divers nombres pensés simultanément par plusieurs personnes?*

En renouvelant et en variant les exercices précédents, on apprend aux enfants à compter jusqu'à vingt, trente, quarante, et jusqu'à cent. Il est à regretter que le jeu de loto s'arrête à quatre-vingt-dix; on devrait le continuer jusqu'à quatre-vingt-dix-neuf.

LA FORME DES CHIFFRES.

Il faut habituer les enfants dès le jeune âge à bien former leurs chiffres, et de la manière la plus simple, la plus nette, la plus rapide, car ils en auront des millions à écrire. Ainsi, pas de barres au sept, pas de fioritures au quatre, au cinq, ou au huit; les former

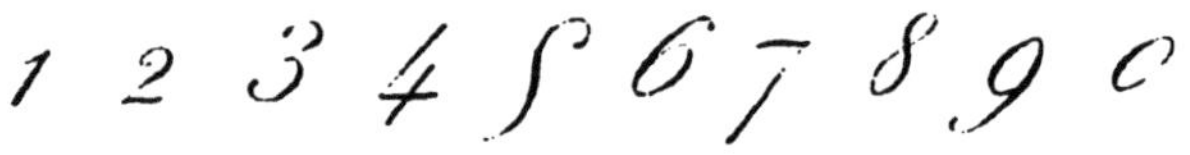

de telle sorte que tous les chiffres se décrivent d'un seul trait de plume, le quatre excepté, dont on aurait dû depuis longtemps supprimer la petite barre transversale.

On ne connaît pas l'origine de la forme de nos chiffres; une vieille légende attribue leur forme aux dix figures que l'on peut tirer d'un signe gravé sur le chaton de la bague du roi Salomon; nous ne donnerons cette origine qu'à titre de curiosité. Si l'on considère la figure ci-dessous, formée par les quatre côtés et

les deux diagonales du carré, on obtient, en supprimant certaines lignes, les dix figures suivantes que l'on peut réaliser avec un paquet de petites bûchettes.

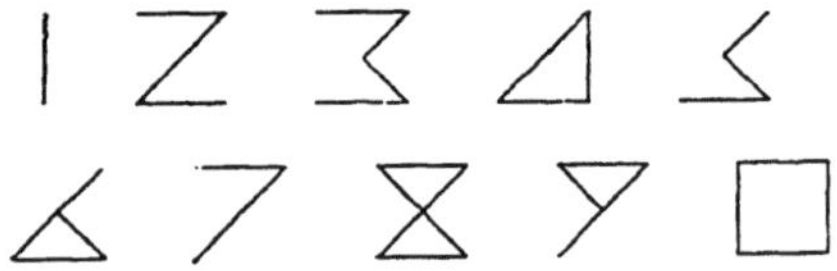

Problème IV. — *Avec un trois faire un cinq, par un seul trait de plume.*

Vous dessinez le trois conformément à la figure de gauche et vous dites d'en faire un cinq, sans rien effacer, par un seul trait de plume. Vous tracez, conformément à la figure de droite, le trait continu ABCDEF, et vous avez un cinq encadré (*fig.* 2).

Nous ajouterons qu'il faut recommander aux écoliers de ne

Fig. 2.

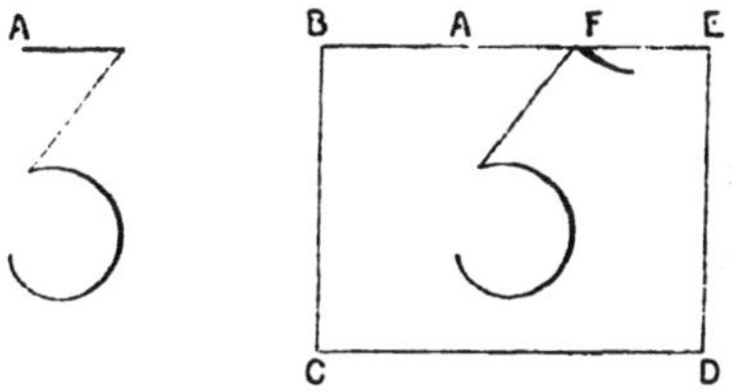

pas faire le cinq de cette forme 5, car il se ferait en deux traits; mais qu'il faut le faire en un seul trait, conformément au tableau précédent.

LA TAILLE DE LA BOULANGÈRE.

Dans les premiers âges de l'humanité, on comptait avec des cailloux, d'où viennent les mots *calcul* et *calculer;* on comptait aussi en faisant des entailles sur les pierres, sur les os d'animaux ou sur l'écorce des arbres; c'est ainsi que l'on retrouve encore dans diverses localités des marques de chasse remontant aux époques les plus reculées. C'est le procédé le plus élémentaire pour compter, car il représente l'idée même de la formation des nombres par l'addition successive des unités. On le revoit de nos ours dans certaines industries, chez les bûcherons et dans le commerce de détail; c'est ainsi que la boulangère marque le nombre des pains pris à crédit, dans les communes où ce genre de crédit existe encore, en faisant des coches sur deux tailles de bois accolées; prises séparément, ces deux tailles indiquent le doit et l'avoir, le compte du créancier et du débiteur. Qu'est-ce donc que la taille de la boulangère? C'est le rudiment du calcul, et c'est aussi celui de la comptabilité en partie double.

Lorsque j'étais petit enfant, j'allais souvent chercher le pain, à quelques pas de la maison paternelle; la boulangère prenait ma petite taille... de bois, la plaçait près de la sienne et faisait une petite coche sur toutes deux. Puis j'emportais mon pain et, sur ma taille, le compte de la boulangère. Au bout de la semaine, de la quinzaine ou du mois, les coches se transformaient, pour celle-ci, en beaux écus sonnants; c'est que le nombre des coches représentait le nombre des pains pris à crédit et que la somme encaissée était le produit de la multiplication des pains par le prix de chacun d'eux.

Ne riez pas trop, mes chers enfants, de cette historiette; elle contient son enseignement, car elle vous permet de retenir ce que vous avez appris déjà depuis longtemps, que le nombre est indépendant de la forme, de la nature, de la place des objets, — que l'on obtient tous les nombres en ajoutant continuellement l'unité à elle-même, — et que la multiplication est l'addition de nombres égaux par un procédé abrégé! Voilà ce que contient le compte de la boulangère.

LE NEZ ET LE MOUCHOIR.

Un voyageur qui vient de rentrer en France, après avoir accompli le tour du monde, racontait dernièrement à la Société de Géographie que les naturels des îles Andaman possédaient une manière de compter tout à fait élémentaire et fort bizarre. Pour représenter les unités du premier ordre, ils se frottent le nez sur la terre autant de fois qu'il convient, et pour marquer les unités d'un ordre plus élevé, ils se tirent les oreilles; le procédé de ces peuplades restées primitives constitue déjà un progrès sur le précédent, puisqu'il contient deux ordres d'unités, les unités nasales ou du premier ordre et les unités auriculaires ou du second ordre. Mais quel singulier moyen de compter et de retenir les nombres! Il aplatit le nez, il allonge les oreilles. Nos paysans ne font guère autrement pour fixer chez les enfants le souvenir d'un événement important de leur existence, lorsqu'ils leur administrent une correction maîtresse. C'est ce qu'ils appellent frapper leur imagination.

Les anciens Tartares avaient, pour s'entendre, des *khé-mou* ou bâtonnets entaillés d'une manière convenue; ils s'en servaient pour communiquer d'une horde à l'autre. Ces bâtonnets indiquaient, en temps d'expédition, le nombre d'hommes et de chevaux que chaque campement devait fournir. Les habitants du Pérou, au temps des Incas, avaient des cordelettes nouées qu'ils appelaient *quippos;* on en voit divers échantillons au musée ethnographique du palais du Trocadéro. Elles étaient de différentes couleurs et pouvaient se nouer et s'entrelacer de mille manières. Le nombre des nœuds, leurs dispositions, leurs enchevêtrements avec des baguettes, leurs situations sur un anneau central en métal ou en os permettaient d'exprimer beaucoup d'idées; les Péruviens étaient parvenus à produire ainsi une série de nombres très considérable. Observons, en passant, que certaines personnes procèdent aujourd'hui d'une manière analogue en faisant un nœud à leur mouchoir, ou en fixant des épingles à leurs manches pour se rappeler certaines choses. Il serait bien puéril de contracter de telles habitudes, et je crois que, tout compte fait, la mémoire y perdrait plus souvent qu'elle n'y gagnerait.

LES CLAQUES DE POLYTECHNIQUE.

Messieurs les papas, et vous, Mesdames, bonnes et douces mamans, qui bercez vos fils sur vos genoux en soulevant pour eux les voiles de l'avenir; vous qui les voyez déjà revêtus du sérieux et brillant uniforme de l'École Polytechnique, l'épée au côté, le claque posé crânement sur l'oreille, l'air vainqueur! voulez-vous me permettre de donner un conseil dicté par une expérience déjà mûre; développez chez l'enfant le goût du dessin et de l'Arithmétique. Il faut que, tout petit, l'enfant sache compter au moins jusqu'à vingt et joue avec les dominos, les boules du loto, les cailloux et les billes, ou mieux encore avec de petits cubes égaux de bois ou de pierre; car, ce qu'il importe de développer avant tout, en même temps que la lecture et l'écriture, c'est le calcul mental. Mais il ne faut, dans aucun cas, que l'écolier apprenne du fait de mémoire les Tables d'addition ou de multiplication, ou des résultats quelconques sans les avoir obtenus directement; l'enfant doit les trouver lui-même, car son esprit est une force latente à laquelle il suffit d'imprimer et de diriger le mouvement.

Dans son Ouvrage publié en 1763 et qui a pour titre : *Essai d'Éducation nationale* ou *Plan d'Études pour la jeunesse*, par de la Chalotais, procureur général du roi au Parlement de Bretagne, l'auteur insiste à diverses reprises sur la nécessité et sur l'utilité d'instruire les enfants par les récréations : « Je suppose, dit-il, qu'un enfant sache déjà lire et écrire, qu'il sache même dessiner, ce que je regarde comme nécessaire, je dis que les premiers objets dont on doit l'occuper depuis cinq à six ans jusqu'à dix sont l'Histoire, la Géographie, l'Histoire naturelle, des récréations physiques et mathématiques; connaissances qui sont à sa portée, parce qu'elles tombent sous les sens, parce qu'elles sont les plus agréables et, par conséquent, les plus propres à occuper l'enfance. » Et plus loin : « C'est aux mathématiciens à trouver une route qui n'ait pas encore été frayée. On pourrait peut-être commencer par des récréations mathématiques. » Ainsi, vous le voyez, l'enseignement des Sciences doit être gai, vivant, amusant, récréatif et non froid, imposant, solennel. Gardons notre majesté pour les fêtes universitaires ([1]).

([1]) Extrait du discours prononcé à la distribution solennelle des prix du lycée Saint-Louis, le mardi 4 août 1885.

LA CROIX DE PERLES.

Fig. 3.

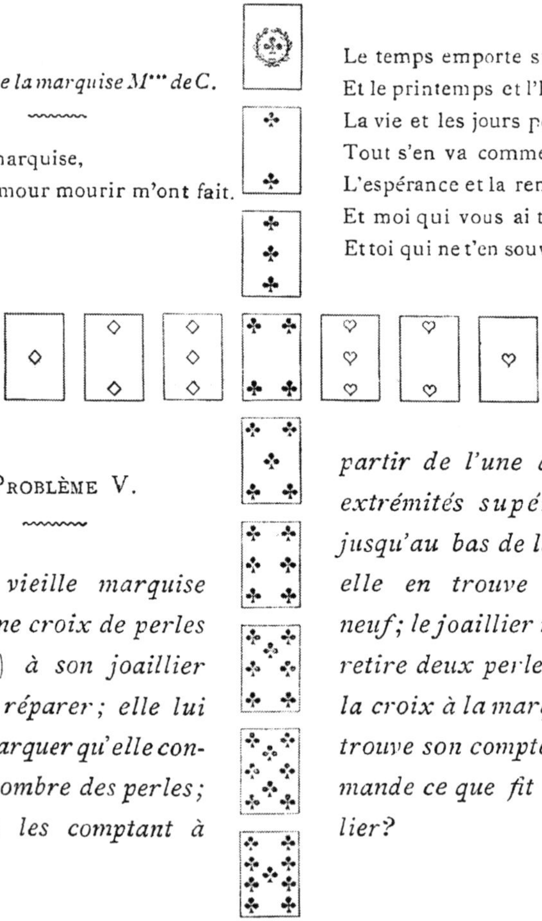

*A Madame la marquise M*** de C.*

Belle marquise,
Vos yeux d'amour mourir m'ont fait.

Le temps emporte sur son aile
Et le printemps et l'hirondelle.
La vie et les jours perdus,
Tout s'en va comme la fumée,
L'espérance et la renommée,
Et moi qui vous ai tant aimée,
Et toi qui ne t'en souviens plus!

PROBLÈME V.

Une vieille marquise donne une croix de perles (fig. 3) à son joaillier pour la réparer; elle lui fait remarquer qu'elle connaît le nombre des perles; car, en les comptant à partir de l'une des trois extrémités supérieures jusqu'au bas de la croix, elle en trouve toujours neuf; le joaillier indélicat retire deux perles et rend la croix à la marquise qui trouve son compte. On demande ce que fit le joaillier?

Fig. 4.

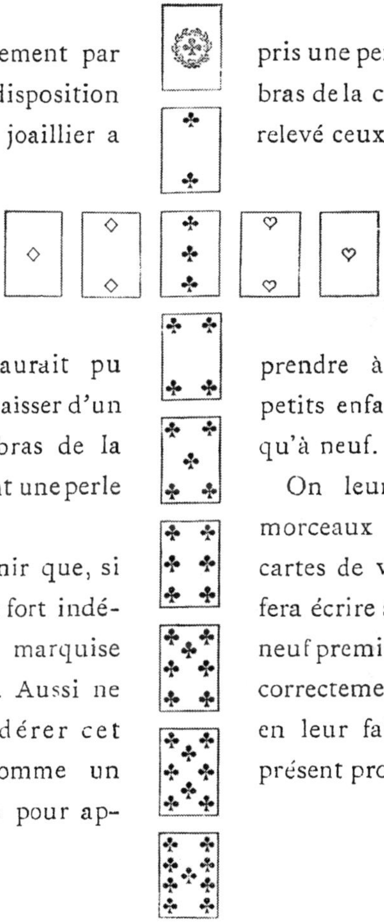

On voit facilement par cette nouvelle disposition (*fig.* 4) que le joaillier a pris une perle à chacun des bras de la croix et a ensuite relevé ceux-ci d'un rang.

Le joaillier aurait pu tout aussi bien baisser d'un rang les deux bras de la croix, en ajoutant une perle à chacun d'eux.

Il faut convenir que, si le joaillier était fort indélicat, la vieille marquise était bien naïve. Aussi ne doit-on considérer cet énoncé que comme un exemple simple pour apprendre à compter aux petits enfants de un jusqu'à neuf.

On leur donnera des morceaux de carton, des cartes de visite et on leur fera écrire sur ces cartes les neuf premiers chiffres aussi correctement que possible, en leur faisant réaliser le présent problème.

Fig. 5.

LE STRATAGÈME DE JOSÈPHE.

I

Il était un petit navire,
Qui n'avait ja, ja, jamais navigué!
. . . .
On tira z'à la courte paille,
Pour savoir qui, qui, qui serait mangé?

Problème VI.

Quinze chrétiens et quinze Turcs se trouvent sur mer dans un même navire et s'étant élevé une terrible tourmente, le pilote dit qu'il est nécessaire de jeter dans la mer la moitié des personnes qui sont en la nef pour sauver le reste. Or cela ne se peut faire que par sort; partant on est d'accord que se rangeant tous par ordre, et comptant de neuf en neuf on jette chaque neuvième dans la mer jusqu'à ce que de trente qu'ils sont, il n'en demeure que quinze. On demande comment il les faudrait disposer pour faire que le sort tombât sur les quinze Turcs, sans perdre aucun des chrétiens?

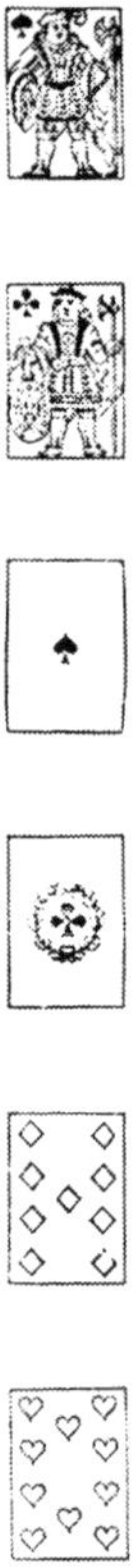

Pour réaliser ce problème, on représente les quinze chrétiens par quinze cartes rouges et les Turcs par quinze cartes noires ; de plus, on suppose que le capitaine du navire est représenté par le roi de carreau. Cela posé, on pense aux cinq voyelles dans l'ordre

a,	*e*,	*i*,	*o*,	*u*,
1,	2,	3,	4,	5,

et l'on se sert d'un procédé mnémotechnique au moyen du distique suivant :

Mort, tu ne falliras pas,
En me livrant le trépas!

En prononçant le mot *mort*, on place d'abord quatre cartes rouges, en commençant par le roi de carreau ; en prononçant le mot *tu*, on place à la suite cinq cartes noires, parce que *u* est la cinquième voyelle ; en prononçant le mot *ne*, on place deux cartes rouges, et ainsi de suite, en alternant les couleurs. Par exemple, pour le mot *falliras*, on placera une noire, trois rouges, une noire, car les voyelles de ce mot sont *a*, *i*, *a* et ainsi jusqu'à ce que l'on ait placé les quinze cartes rouges et les quinze cartes noires.

Par conséquent les cartes rouges et les cartes noires se succèdent à partir du roi de carreau suivant les nombres :

o,	*u*,	*e*,	*a*,	*i*,	*a*,	*a*,	*e*,	*e*,	*i*,	*a*,	*e*,	*é*,	*a*
4,	5,	2.	1,	3,	1,	1,	2,	2,	3,	1,	2,	2,	1;

nous avons représenté l'une de ces dispositions dans le cadre de la page 12 (*fig.* 5). Cela fait, si l'on compte de neuf en neuf, à partir du roi de carreau, on retire d'abord la neuvième, la dix-huitième et la vingt-septième, c'est-à-dire l'as, le neuf et le roi de trèfle ; en continuant à tourner dans le cercle, on retirera le valet de pique, le dix et la dame de trèfle, et ainsi de suite, jusqu'à ce qu'on ait retiré les quinze cartes noires.

Au lieu des deux vers français qui nous permettent de résoudre immédiatement le problème proposé, on se servait autrefois de ce vers latin, où l'on trouve les mêmes voyelles dans le même ordre :

Populeam virgam mater Regina ferebat.

Nous allons indiquer maintenant la méthode qui permet de retrouver, indépendamment de tout procédé mnémotechnique, la disposition des cartes rouges et des cartes noires. Plaçons en cercle trente cartes retournées, en indiquant la place de la première, qui correspondait au roi de carreau. En comptant de neuf en neuf, on tombe sur les cartes dont les rangs sont 9, 18, 27.

Qu'on retire ces cartes, puis que l'on continue à compter de neuf en neuf, en retirant quinze cartes, il suffira ensuite de remplacer les cartes restantes par quinze cartes rouges, en conservant la place de la première, le roi de carreau ; puis on mettra à la place des cartes manquantes quinze cartes noires.

Bachet, dans la Préface au lecteur de la seconde édition de ses *Problèmes plaisants et délectables qui se font par les nombres*, nous donne l'origine de ce curieux problème :

HISTOIRES DE BRIGANDS.

« Hégésippus, au troisième Livre de la *Guerre de Jerusalem*, rapporte la mémorable histoire de Josèphe, ce fameux auteur qui nous a laissé par écrit la même *Guerre des Juifs*, lequel était gouverneur de la ville de Jotapata, lorsqu'elle fut assiégée et peu après emportée d'assaut par Vespasien. Il fut contraint de se retirer dans une citerne, suivi d'une troupe de soldats, pour éviter la première fureur des armes victorieuses des Romains; mais il courut plus de fortune de perdre la vie parmi les siens que parmi les ennemis : car, comme il eut arrêté de s'aller rendre à la merci du vainqueur, ne pouvant imaginer aucun autre moyen de se garantir de la mort, il trouva ses soldats saisis d'une telle frénésie qu'ils voulaient tous mourir et s'entre-tuer les uns les autres plutôt que de prendre ce parti. Josèphe s'efforça bien de les détourner d'une si malheureuse entreprise, mais ce fut en vain; car, rejetant tout ce qu'il put leur alléguer au contraire, et persistant en leur opinion, ils en vinrent jusque-là que de le menacer, s'il ne s'y portait volontairement, de l'y contraindre par la force, et de commencer par lui-même l'exécution de leur tragique dessein. Alors, sans doute, c'était fait de sa vie s'il n'eût eu l'esprit de se défaire de ces hommes furieux par l'artifice du présent problème. Car, feignant d'adhérer à leur volonté, il se conserva l'autorité qu'il avait sur eux, et par ce moyen, leur persuada facilement que, pour éviter le désordre et la confusion qui pourraient subvenir en tel acte, s'ils s'entre-tuaient à la foule, il valait mieux se ranger par ordre en quelque façon, et, commençant à compter par un bout, massacrer toujours le tantième, jusqu'à ce qu'il n'en demeurât qu'un seul, lequel serait obligé de se tuer soi-même. Tous étant de cet accord, Josèphe les disposa de sorte, et choisit pour lui une si bonne place, que la tuerie étant continuée jusqu'à la fin, il se trouva seul en vie, ou peut-être encore, qu'il sauva quelques-uns de ses plus affidés, et de ceux desquels il se pouvait promettre une entière et parfaite obéissance. »

Josèphe, qui raconte fort longuement l'histoire de la caverne, une histoire de brigands, termine en disant [1] : « Or il advint, plus par providence de Dieu que par fortune que Josèphe demeura le dernier avec un autre. »

« Voilà une histoire bien remarquable, ajoute BACHET, et qui nous apprend assez qu'on ne doit point mépriser ces petites subtilités, qui aiguisent l'esprit, habilitent l'homme à de plus grandes choses, et apportent quelquefois une utilité non prévue. »

Remarque. — Il est aisé à voir que ce jeu se peut pratiquer fort diversement. Car, premièrement, le nombre des cartes peut être tel que l'on veut ; par exemple, au lieu de trente, on en pourrait mettre quarante, cinquante, soixante, ou plus ou moins. Secondement, au lieu de rejeter toujours la neuvième, on peut rejeter la sixième, la dixième ou la tantième que l'on voudra.

Finalement, au lieu d'en rejeter autant qu'il en demeure, on peut n'en rejeter que tant peu que l'on voudra ; tellement qu'il en demeure davantage, ou bien en rejeter si grand nombre qu'il en demeure beaucoup moins. La solution se trouverait toujours comme il a été précédemment expliqué.

Or, comme nous l'avons dit, c'est par cette invention que Josèphe se sauva très subtilement dans Jotapata, ainsi qu'on recueille évidemment des paroles d'Hégésippus touchant ce fait. Et bien qu'il ne particularise pas assez cette action, toutefois par ce qu'il dit nous pouvons imaginer comme le tout se passa. Car, ainsi qu'il raconte, il y eut quarante soldats qui se sauvèrent avec Josèphe dans la caverne, si bien qu'à compter ledit Josèphe,

(1) JOSÈPHE, *Histoire de la Guerre des Juifs*, Liv. III, Chap. XIV.

ils étaient en tout quarante et un. Partant, supposons qu'il ordonna que, comptant de trois en trois, on tuerait toujours le troisième, il est certain que, procédant de la sorte, tu trouveras qu'il faut que Josèphe se mît le trente-unième après celui par lequel on commençait à compter, au cas qu'il visât à demeurer en vie lui tout seul. Mais, s'il voulut sauver un de ses compagnons, il le mit en la seizième place, et s'il en voulut sauver encore un autre, il le mit en la trente-cinquième place [1].

Problème VII. — le procédé de Caligula.

Trente-six soldats sont coupables, et l'on veut punir six des plus coupables en les décimant, c'est-à-dire en les comptant de dix en dix, pour faire punir chaque dixième; comment doit-on les disposer sur deux rangs?

Ainsi que le remarque Bachet, le stratagème de l'historien Josèphe se peut étendre à toutes sortes de nombres et « peut de beaucoup servir aux Capitaines, Magistrats et Maîtres qui ont plusieurs personnes à punir, et voudraient seulement châtier les plus dissolus, en décimant ou prenant le dixième, comme nous lisons avoir été souvent pratiqué par les Romains ».

[1] Bachet, sieur de Méziriac, *Problèmes plaisants et délectables qui se font par les nombres*, 5e édition revue, simplifiée et augmentée par A. Labosne, professeur de Mathématiques; pages 118 et suivantes.

La règle est d'écrire autant de zéros qu'il y a de personnes coupables, et, commençant à compter par le premier zéro, de marquer avec une croix le tantième qu'on voudra punir, et de faire la même chose en recommençant le rang, et passant les zéros marqués jusqu'à ce qu'on ait obtenu le nombre de ceux que l'on souhaite punir. Il faudra ensuite disposer les soldats de la même manière qu'on a rangé les zéros, et mettre les plus coupables aux endroits où se trouveront les zéros marqués de la croix.

Ainsi pour résoudre le Problème VII que nous venons de proposer, où il s'agit de trente-six soldats dont on veut en punir six, en comptant de dix en dix, on les rangera comme on voit les trente-six zéros ci-dessous, et l'on aura soin de faire mettre les plus coupables à la place où l'on voit des croix sur les zéros.

$$0\ 0\ 0\ \overset{+}{0}\ 0\ 0\ 0\ 0\ 0\ \overset{+}{0}\ 0\ 0\ 0\ 0\ \overset{+}{0}\ 0\ 0\ 0$$

$$0\ \overset{+}{0}\ 0\ 0\ 0\ 0\ 0\ \overset{+}{0}\ 0\ 0\ 0\ \overset{+}{0}\cdot 0\ 0\ 0\ 0\ 0\ 0$$

LE TROU ET LA BOULE.

On trouve plusieurs problèmes de ce genre dans les *Récréations mathématiques* d'Ozanam, dans divers autres Ouvrages du même titre, et en particulier dans un Ouvrage sans nom d'auteur, publié à Lyon, en 1769, sous le titre : *Récréations mathématiques composées de plusieurs problèmes plaisants et facétieux.* On trouve, en effet, dans ce recueil, des problèmes bien facétieux et, par exemple, le suivant (Problème LXVII, p. 97) : « *Quand une boule ne peut passer par un trou, est-ce la faute du trou, ou de la boule; est-ce que la boule soit trop grosse, ou le trou trop petit?* Cette question peut être appliquée à plusieurs autres choses; par exemple, quand la tête d'un homme ne peut entrer dans un casque ou bonnet, ou la jambe dans la botte, est-ce que la jambe est trop grosse, ou la botte trop petite? Et jaçoit que semblables questions semblent ridicules (aussi ne les proposé-je que pour rire), néanmoins il y a quelque subtilité d'esprit à les résoudre. Car si vous dites que c'est la faute de la boule qui est trop grosse, je dis que non, d'autant plus que si le trou était plus grand, elle passerait aisément; c'est donc plutôt la faute du trou. — Si vous avouez que c'est la faute du trou qui est trop petit, je montre que non, car si la boule était plus petite, elle passerait par le même trou. — Bref, si vous pensez à dire qu'il tient à l'un et à l'autre, j'ai de quoi maintenir que non; car, si l'on avait corrigé l'un ou l'autre seulement, la boule ou le trou, il n'y aurait plus de difficulté. » Ici l'auteur s'embarrasse et termine en disant : « Voyez-vous comment on pointille sur un maigre sujet, sur un tour de passe-passe! » Ne serait-ce pas là, en tous temps, en tous lieux, le secret des discussions et des subtilités de la politique?

L'INVENTION DU TÉLÉGRAPHE.

A côté de ces questions plaisantes, on trouve dans l'Ouvrage en question (p. 112), une sorte de divination du *télégraphe à cadran.* « Quelques-uns ont voulu dire que, par le moyen d'un aimant, les personnes absentes se pourraient entre-parler, par exemple, Claude étant à Paris et Jean à Rome. » Après avoir décrit le cadran, l'auteur anonyme ajoute : « L'invention est belle, mais je n'estime pas qu'il existe au monde un aimant qui ait telle vertu; aussi n'est-il pas expédient, autrement les trahisons seraient trop fréquentes et trop ouvertes. »

Il ne manquait à ce cadran que le courant électrique. Il est donc possible que la lecture de ce petit livre, publié à Lyon, en 1669 et en 1680, ait donné à Ampère l'idée de la découverte du télégraphe électrique. Cependant nous ajouterons que l'on trouve déjà la description et l'usage de ce cadran dans un Ouvrage antérieur, publié à Nimègue, en 1628, par Winant van Westen, sous le titre de *Récréations mathématiques, contenant plusieurs problèmes*, etc.

Ainsi qu'on le voit, par les diverses citations que nous venons de faire, le stratagème de l'historien Josèphe et le procédé *décimal* de l'empereur Caligula ont donné lieu à des problèmes qui ont passionné plusieurs auteurs des siècles passés; mais, en laissant de côté l'application dramatique de ces problèmes au maintien de la discipline chez des soldats ou des marins révoltés, nous pouvons intéresser les enfants à compter de deux en deux, de trois en trois, de quatre en quatre, etc., soit dans l'ordre croissant, soit dans l'ordre décroissant, et leur apprendre de cette manière, progressivement, sans fatigue, la construction et les résultats de la Table de Pythagore.

Problème VIII. — Par fer César jadis devint si grand prince.

On place sur une table trois cartes d'un jeu de piquet, un as, un sept et un dix (fig. 6). Trois personnes se distribuent ces trois cartes, pendant votre absence; deviner la carte que chacune des personnes a choisie?

Fig. 6.

A E I

Pour distinguer les trois personnes, vous donnez à chacune d'elles une, deux ou trois cartes, et vous les appelez la première, la deuxième et la troisième personne. Vous placez ensuite dix-huit cartes sur la table, en un tas, et vous dites, avant de vous retirer, que la personne qui prendra l'as prenne encore *autant* de cartes que vous lui en avez donné; que la personne qui prendra le sept prenne, en outre, *deux* fois autant de cartes que vous lui en avez donné; que la personne qui prendra le dix prenne encore *quatre* fois autant de cartes que vous lui en avez donné.

Il reste alors sur la table un certain nombre de cartes, et la connaissance de ce nombre suffit pour deviner quelle carte a été prise par chaque personne.

Voici la règle mnémonique donnée par Bachet, pour résoudre ce problème :

Restes :	1	2	3	5	6	7
Voyelles :	*Par fer*	*César*	*jadis*	*devint*	*si grand*	*prince.*

Comme nous le ferons voir plus loin, le nombre des cartes restantes est l'un des nombres 1, 2, 3, 5, 6, 7.

S'il reste *une carte*, on se sert des voyelles des deux premières syllabes *Par fer;* la première personne a pris l'*as*, et la seconde personne a pris le *sept*.

S'il reste *deux cartes*, on se sert des voyelles des deux syllabes suivantes *César;* la première personne a pris le *sept* et la seconde personne a pris l'*as*.

S'il reste *trois cartes*, on se sert des voyelles des deux syllabes *jadis;* la première personne a pris l'*as* et la seconde le *dix*.

S'il reste *cinq cartes*, on se sert des voyelles des deux syllabes *devint;* la première personne a pris le *sept* et la seconde le *dix*.

S'il reste *six cartes*, on se sert des voyelles des deux syllabes *si grand;* la première personne a pris le *dix* et la seconde a pris l'*as*.

Enfin, s'il reste *sept cartes*, on se sert des voyelles des deux syllabes *prince;* la première personne a pris le *dix* et la seconde a pris le *sept*.

Lorsque l'on n'a pas de cartes à sa disposition, on remplace l'as, le sept et le dix par une *bague*, une *clef*, une *bille*, et les autres cartes par des jetons.

Pour démontrer l'exactitude de cette solution, il suffit de calculer le nombre des cartes restantes dans tous les cas qui peuvent se présenter. Nous observerons d'abord qu'il n'y a que six cas possibles, car la première personne a le choix entre trois objets, l'as, le dix ou le sept; la seconde personne n'a plus le choix qu'entre deux objets, tandis que la troisième personne ne peut prendre que la carte laissée par les deux autres personnes. Nous indiquons, dans le Tableau suivant, le nombre des cartes prises par chaque personne, dans les six cas différents, ainsi que le nombre des cartes restantes; la somme des nombres de chacune des six lignes est toujours égale à dix-huit.

1re PERSONNE.		2e PERSONNE.		3e PERSONNE.		RESTES.	VOYELLES.
as,	1	sept,	4	dix,	12	1	*Par fer*
sept,	2	as,	2	dix,	12	2	*César*
as,	1	dix,	8	sept,	6	3	*jadis*
sept,	2	dix,	8	as,	3	5	*devint*
dix,	4	as,	2	sept.	6	6	*si grand*
dix,	4	sept,	4	as,	3	7	*prince*

Problème IX. — il a jadis brillé dans ce petit état.

Nous donnerons une autre manière de résoudre le problème, d'après M. Labosne, en supposant qu'on laisse douze cartes sur la table, et en invitant la personne qui a pris l'as à prendre autant de cartes qu'on lui en a donné, et la personne qui a pris le sept à en prendre trois fois autant.

On résout mnémoniquement le problème au moyen des voyelles de la phrase suivante :

RESTES :	1	2	3	5	6	7
VOYELLES :	*Il a*	*jadis*	*brillé*	*dans ce*	*petit*	*État.*

L'exactitude de cette solution se démontre par le Tableau suivant dans lequel la somme des nombres de chacune des six lignes est constamment égale à douze.

1re PERSONNE.		2e PERSONNE.		3e PERSONNE.		RESTES.	VOYELLES.
dix,	0	as,	2	sept,	9	1	*Il a*
as,	1	dix,	0	sept,	9	2	*jadis*
dix,	0	sept,	6	as,	3	3	*brillé*
as,	1	sept,	6	dix,	0	5	*dans ce*
sept,	3	dix,	0	as,	3	6	*petit*
sept,	3	as,	2	dix,	0	7	*État*

PROBLÈME X. — AVEC ÉCLAT L'AÏ BRILLANT DEVINT LIBRE.

On peut pratiquer le jeu précédent de beaucoup de manières; voici une autre variante. On donne respectivement *une, deux* et *quatre* cartes à la première, à la deuxième et à la troisième personne; on place encore sur la table dix-huit cartes et l'on prescrit à celle qui a pris l'as de prendre des cartes restantes autant qu'elle en a reçu ; à celle qui a pris le sept d'en prendre deux fois autant, et à celle qui a pris le dix d'en prendre trois fois autant.

On résout mnémoniquement le problème au moyen de l'une des phrases suivantes :

RESTES :	1	2	3	5	6	7
VOYELLES :	*Avec*	*éclat*	*l'Aï*	*brillant*	*devint*	*libre.*
VOYELLES :	*Par fer,*	*César,*	*jadis*	*si grand,*	*devint*	*prince.*

L'exactitude de cette solution se démontre par le Tableau suivant :

1re PERSONNE.		2e PERSONNE.		3e PERSONNE.		RESTES.	VOYELLES.
as,	1	sept,	4	dix,	12	1	*Avec*
sept,	2	as,	2	dix,	12	2	*éclat*
as,	1	dix,	6	sept,	8	3	*l'Aï*
dix,	3	as,	2	sept,	8	5	*brillant*
sept,	2	dix,	6	as,	4	6	*devint*
dix,	3	sept,	4	as,	4	7	*libre*

PROBLÈME XI. — LA BALLADE DE L'ESCARGOT RÉTROGRADE.

Un escargot se lève un dimanche à six heures du matin et monte le long d'un arbre; pendant le jour, c'est-à-dire jusqu'à six heures du soir, il monte de cinq mètres, mais pendant la nuit il descend de deux mètres; à quelle époque sera-t-il monté de neuf mètres?

On fait habituellement le raisonnement suivant; l'escargot parcourt en vingt-quatre heures cinq mètres moins deux, ou trois mètres; donc, au bout de trois fois vingt-quatre heures, c'est-à-dire le mercredi à six heures du matin, il se sera élevé à neuf mètres; mais la réponse est inexacte. Après deux jours de vingt-quatre heures, l'escargot est à une hauteur de six mètres; donc, le mardi à six heures du matin, il s'élève et peut parcourir cinq mètres, il est donc à onze mètres au-dessus du sol le mardi à six heures du soir; il était donc pour la première fois à une hauteur de neuf mètres, le mardi à une heure douze minutes de l'après-midi.

La question suivante est du même genre.

Problème XII. — la coupe du tailleur.

Un tailleur coupe, chaque jour, deux mètres d'une pièce de drap de seize mètres de longueur; au bout de combien de jours aura-t-il coupé la pièce?

La réponse est celle-ci : Au bout de sept jours et non de huit.

Problème XIII. — dans les deux mains.

Une personne fait deux paquets, l'un de trois cartes et l'autre de six cartes, et prend l'un dans la main gauche et l'autre dans la main droite; deviner, sans rien demander à la personne, dans quelle main se trouve le paquet de trois cartes?

Dites à la personne de doubler le nombre des cartes qui sont dans sa main droite et de tripler le nombre de celles qui sont dans sa main gauche, de faire la somme de ce double et de ce triple, de diviser cette somme en deux parties égales, et de retrancher onze de l'une des moitiés; si elle exécute ces différents calculs sans faire d'objection, c'est que les trois cartes sont dans la main droite; mais si, au contraire, elle fait une objection, les trois cartes sont dans la main gauche.

En effet, en supposant trois cartes dans la main droite et six dans la main gauche, les différents calculs que cette personne effectue sont les suivants.

Le double de trois augmenté du triple de six fait six et dix-huit ou vingt-quatre dont la moitié douze; en retranchant onze, il reste un.

Au contraire, si les trois cartes sont dans la main gauche, le double de six augmenté du triple de trois fait douze et neuf ou vingt et un dont la moitié est dix et demi; on ne peut en retrancher onze.

Lorsque l'on n'a pas de jeu de cartes à sa disposition, on

remplace les cartes par des jetons ou par des pièces de monnaie.

VARIANTE.

On peut remplacer les nombres trois et six des cartes ou des jetons par un nombre donné quelconque et son double. Lorsque la main droite contient le plus petit nombre de jetons, le double du nombre des jetons de la main droite, augmenté du triple du nombre des jetons de la main gauche, donne huit fois le nombre donné dont la moitié fait le quadruple. Au contraire, lorsque la main droite contient le plus grand nombre de jetons, on obtient sept fois le nombre donné dont la moitié fait 3 fois $\frac{1}{2}$; si donc, on demande à la personne d'en retrancher un nombre compris entre 3 fois $\frac{1}{2}$ et 4 fois le nombre donné, il y aura impossibilité dans le second cas.

PROBLÈME XIV. — LE CARRÉ MAGIQUE DE TROIS.

Disposer en trois rangées les neuf premières cartes depuis l'as jusqu'au neuf d'un jeu de whist, de telle sorte que tous les points de chaque rangée, soit en longueur, soit en largeur, soit en diagonale, donnent toujours la même somme quinze.

On extrait d'un jeu de whist les cartes d'une même couleur, le trèfle par exemple, en laissant de côté les figures et les cartes des autres couleurs. Puis on range les neuf cartes ainsi obtenues, sur une seule ligne, dans l'ordre numérique croissant, à savoir as, deux, trois, etc., jusqu'à neuf.

On dispose ensuite les neuf cartes dans l'ordre de la *fig.* 7,

Fig. 7.

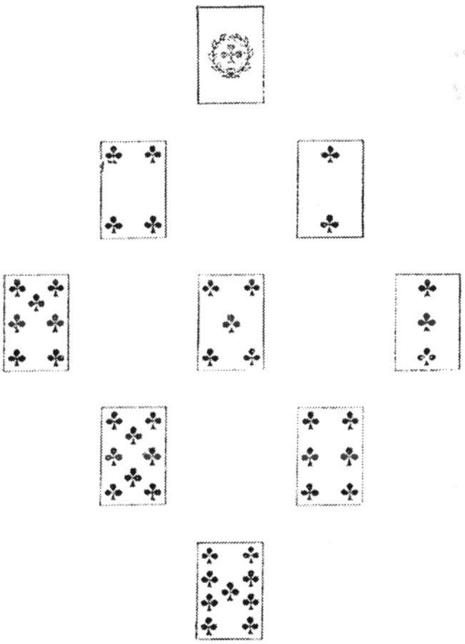

en observant que les cartes sont rangées trois par trois dans l'ordre numérique suivant trois diagonales descendantes.

Cela fait, on échange l'as et le neuf situés sur la même colonne verticale, et on les rapproche du cinq ; ensuite, on échange le trois et le sept situés sur la même ligne horizontale et on les rapproche aussi du cinq. On forme ainsi la *fig.* 8. Dans cette

Fig. 8.

Quinze, quinze, quinze,
Revenant à quinze,
Veux-tu parier quinze,
Que quinze sont là!
(Rythme connu.)

Le carré magique de trois.

figure, la somme des points des trois cartes contenues soit dans la première ligne, soit dans la deuxième, soit dans la troisième, est égale à quinze.

De même, la somme des points contenus dans les trois cartes de la première colonne verticale, de la deuxième ou de la troisième, est encore égale à quinze.

Enfin, la somme des points contenus dans trois cartes en diagonale, à savoir quatre, cinq et six, de la première diagonale ou deux, cinq et huit, de la seconde diagonale, vaut encore quinze.

On peut remplacer les cartes par les neuf premières boules d'un jeu de loto, ou encore par les dés suivants d'un jeu de dominos (*fig.* 9).

On réalise ainsi, soit avec le jeu de cartes, soit avec le jeu de dominos, soit avec le jeu de loto, un amusement scientifique pour les petits enfants. Les parents et les maîtres leur donneront

Fig. 9.

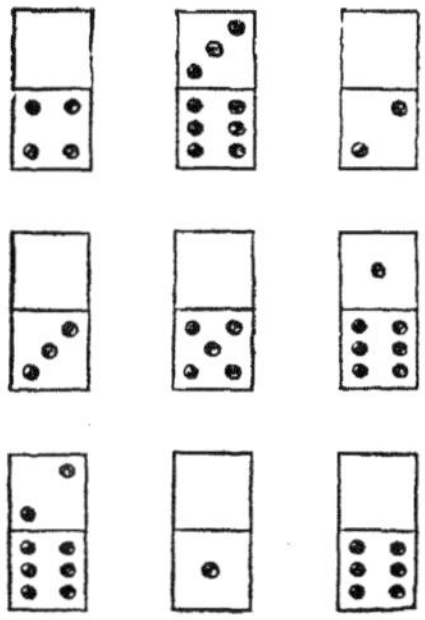

Toujours quinze.

ainsi, tout en jouant, les premières notions de l'addition des nombres jusqu'à quinze.

On peut remplacer l'as par le deux, le deux par le trois, le

Fig. 10.

Toujours dix-huit.

trois par le quatre, et ainsi de suite, et le neuf par le dix; on formera alors le Tableau ci-dessus (*fig.* 10).

Dans ce Tableau, la somme des points des trois cartes d'une même ligne, d'une même colonne, ou d'une même diagonale est toujours égale à dix-huit.

On peut encore remplacer les cartes par les dominos ou par les boules du loto; on a ainsi un nouvel exercice pour les enfants, qui apprendront en se jouant l'addition jusqu'à dix-huit.

Si l'on augmente d'une unité tous les points de la *fig.* 10, en remplaçant le deux par le trois, le trois par le quatre, etc., le neuf par le dix, et le dix par le valet que l'on comptera pour onze, la somme des points de chaque rangée horizontale, verticale ou diagonale fera continuellement vingt et un.

Avec les boules du jeu de loto on peut continuer progressivement l'étude de l'addition; il suffit de prendre neuf boules consécutives; si l'on commence à dix-sept jusqu'à vingt-cinq, par exemple, on formera encore un carré magique, et la somme constante dans les huit rangées sera égale à quinze augmentée de trois fois le nombre seize qui précède le plus petit des nombres employés, à savoir dix-sept.

L'ARITHMÉTIQUE AU TEMPS DE CHARLEMAGNE.

Au commencement du VIIIe siècle de notre ère, BÈDE avait une très grande érudition pour son temps; il écrivait sur beaucoup de matières différentes, sur la Musique et l'Astronomie, sur la Gnomonique et sur l'Astrolabe, et aussi sur l'Arithmétique. C'est dans un de ses livres, ayant pour titre *De arithmeticis proposi-*

tionibus, que l'on trouve différentes manières de deviner un nombre pensé, dans le genre de celles que nous venons de donner, ou de celles que l'on verra plus loin, et aussi un grand nombre de questions arithmétiques, *ad acuendos juvenes,* qui montrent l'intention d'entretenir la culture des Mathématiques, suivant le mode récréatif.

Un autre livre, *De loquelâ per gestum digitorum,* emprunté et reproduit par divers auteurs, montre à compter par les doigts et par les articulations.

ALCUIN, disciple de BÈDE, fut comme lui un prodige d'érudition dans son temps; on lui attribue parfois le livre *De arithmeticis propositionibus,* dont nous venons de parler.

« Nous nous bornerons à dire (¹) qu'il a écrit sur les sept arts libéraux, et en particulier sur l'Astronomie. Il ne nous est parvenu de ces Ouvrages que les parties qui traitent de la Grammaire et de la Rhétorique; on reconnaît qu'elles sont imitées des écrits de CASSIODORE. La célébrité qu'ALCUIN a conservée provient surtout de la part qu'il a prise dans la fondation des Universités de Paris et de Pavie, et dans les efforts de CHARLEMAGNE pour résister au torrent des ténèbres qui se répandaient sur l'Europe, et pour rallumer le flambeau de la Science.

» Mais la Scholastique prenait naissance, et l'élément religieux qui lui servait de base fut tout-puissant et occupa exclusivement les esprits. Aussi, chose très remarquable dans l'his-

(¹) CHASLES, *Aperçu historique sur l'origine et le développement des méthodes en Géométrie, particulièrement de celles qui se rapportent à la Géométrie moderne,* suivi d'un Mémoire de Géométrie sur deux principes généraux de la Science, la Dualité et l'Homographie. Troisième édition. Un volume in-4°; 1889 (Paris, Gauthier-Villars et fils). — Voir *Géométrie chez les Occidentaux au moyen âge.*

toire, aux efforts mêmes de Charlemagne, succéda précisément l'époque de la plus profonde ignorance. Elle dura près de deux siècles. »

L'ABACUS DE FIBONACCI.

Le *Livre de l'abaque* (1), composé par Léonard Fibonacci, de Pise, en l'année 1202, a été publié pour la première fois, en 1857, par le très illustre et très vénéré prince B. Boncompagni, qui a consacré toute sa vie et une grande partie de sa fortune à la publication de documents concernant l'histoire des Sciences mathématiques et physiques. Léonard, fils de Bonacus, riche marchand de Pise, avait rapporté des Indes les méthodes arithmétiques qui y étaient alors en usage.

Dès la seconde page de ce volume grand in-4°, qui en contient 460, le premier Chapitre commence ainsi :

« *Novem figuræ Indorum hæ sunt*

9 8 7 6 5 4 3 2 1

» *Cum his itaque figuris, et cum hoc signo* 0, *quod arabice zephyrum appellatur, scribitur quilibet numerus, ut inferius demonstratur.* »

Puis l'auteur démontre qu'avec les neuf chiffres et le zéro, que

(1) *Il Liber Abbaci di Leonardo Pisano*, pubblicato secundo la lezione del Codice Magliabechiano, etc., da Baldassare Boncompagni (Roma, 1857).

l'on appelait *zéphyr*, en Arabie, on peut écrire un nombre quelconque. Il donne la correspondance entre les caractères romains et les chiffres arabes en prenant comme exemples

ROMAINS.	ARABES.	ROMAINS.	ARABES.
M.I	1001	MMM	3000
MMXXIII	2023	MCXI	1111
MMMXXII	3022	MCCXXXIIII	1234
MMMXX	3020	MMMMCCCXXI	4321
MMMMDC	4600		

LA BOITE DE DRAGÉES.

Les enfants doivent apprendre la numération en chiffres romains presque en même temps que la numération décimale; cela leur permet de savoir lire l'heure sur le cadran d'une horloge, et les dates sur les vieux livres, sur les inscriptions des tombeaux et des monuments publics. Pour leur apprendre à compter les heures et les minutes, on prendra une boîte ronde, de la forme de celles que donnent les parrains et les marraines, aux jours de baptême, et les jeunes mariés aux jours du mariage. Au centre du couvercle supérieur, on enfonce un crayon ou un clou à large tête; on découpe deux aiguilles en carton de couleur, de deux grandeurs différentes pour imiter l'aiguille des heures et celle des minutes; puis on dessine les douze heures soit en chiffres arabes, soit en chiffres romains. On commence avec une seule aiguille, pour les heures; puis avec l'autre seule, pour les minutes; et l'on apprend ainsi à faire lire toutes les heures du cadran, de cinq en cinq minutes; on apprend ensuite à compter de minute en minute. En ajoutant une aiguille plus fine et plus longue, on apprendra à compter les secondes. En désignant un instant quelconque par les heures, les minutes et les secondes, l'enfant s'amusera à faire tourner les aiguilles pour représenter l'heure indiquée. Et pour le récompenser de ses efforts et de ses progrès, il suffira de lever le couvercle, s'il reste des bonbons dans la boîte.

LA TROMPETTE DE LEMOINE.

S'il ne reste pas de bonbons dans la boîte, nous lui raconterons l'histoire suivante en l'invitant à compter les minutes voisines de l'heure par soustraction ou par complément. Un de nos amis, M. Émile Lemoine, ancien élève de l'École Polytechnique, ingénieur et mathématicien distingué, très apprécié en France, en Allemagne, en Angleterre pour ses nouvelles théories de la Géométrie du triangle, est surtout célèbre par sa *Trompette* originale, unique au monde. Il y a quelques années, il demeurait à Paris, rue du *Cherche-Midi, 55;* un de ses correspondants, par plaisanterie, lui avait envoyé, par la poste, une lettre à l'adresse : rue du *Cherche-une heure moins 5;* la lettre lui arriva directement. Fait authentique, qui démontre, une fois de plus, l'intelligence et le zèle de nos facteurs parisiens.

Quant à la *Trompette*, ce fut d'abord une réunion d'amateurs de musique, fondée à l'École Polytechnique, par Lemoine, il y a une trentaine d'années, sous le premier nom de Société *Philopipobithouinique* (*Pipo* est la désignation abrégée de Polytechnique, par les élèves de l'X, et *bithouinique* était un hommage à Beethoven).

L'ARITHMÉTIQUE DES SOURDS-MUETS.

Le livre de l'Abaque de Fibonacci donne, à la page 5, un procédé vraiment curieux pour compter sur les doigts jusqu'à dix mille; ce procédé, dit-il, est très ingénieux et remonte à la plus haute antiquité; il est enseigné couramment par les maîtres d'abaque.

Mais la page des figures illustrant cette méthode manquait dans le manuscrit de la bibliothèque de Florence; nous indiquerons ici une restitution, sinon exacte, car la description est un peu obscure, du moins suffisante pour comprendre cette fort intelligente manière de compter aux siècles passés. Nous la recommandons tout spécialement aux professeurs des institutions de sourds-muets, bien que tout le monde puisse en tirer profit. Excellent exercice pour ceux qui ne savent que faire de leurs dix doigts! Il serait intéressant d'en tenter l'expérience dans une école primaire, et nous pensons que les résultats concluraient à la supériorité de cette antique méthode sur toutes les autres.

JUSQU'A DIX MILLE.

La main se compose de cinq doigts dans l'ordre suivant : le pouce, l'index, le médius, l'annulaire et l'auriculaire. La main étendue, les doigts allongés et écartés, signifie *zéro* pour la main droite comme pour la gauche.

Conformément aux conventions que nous allons exposer, les doigts de la main gauche représenteront, par leurs situations respectives, tous les nombres de 1 à 99, et ceux de la main droite, toutes les centaines, 100, 200, 300, ..., 9900, de telle sorte qu'on aura dans les deux mains toute une *myriade*, c'est-à-dire tous les nombres jusqu'à 10000. Dans ce qui va suivre, nous ne nous occuperons donc que de la main gauche, et toute disposition des doigts de la main droite indiquera des nombres cent fois plus grands que ceux qui correspondent à une même disposition des doigts de la main gauche.

LES DIGITS.

Pour la représentation des unités simples, depuis un jusqu'à

Fig. 11.

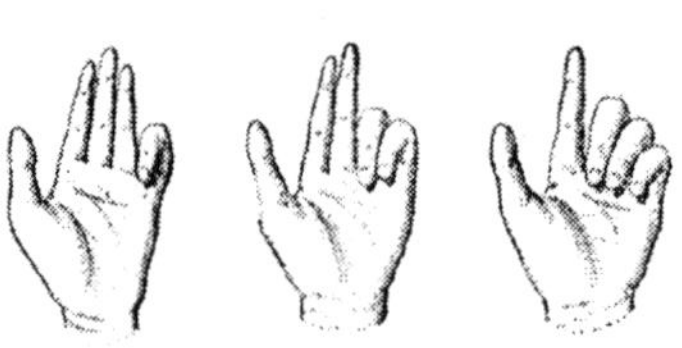

Un. Deux. Trois.

Quatre.

Cinq.

Six.

Sept.

Huit.

Neuf.

Dix.

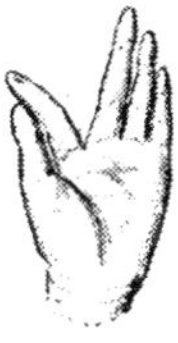
Vingt.

Trente.

Quarante.

Cinquante.

Soixante.

Septante.

Octante.

Nonante.

neuf (*fig.* 11), les deux premiers doigts, le pouce et l'index, restent immobiles, allongés et séparés, et les dispositions des trois derniers doigts représentent les neuf premiers nombres, que les anciens appelaient *Digits*.

L'auriculaire replié sur lui-même signifie.................	*un*	1
L'auriculaire et l'annulaire repliés ensemble................	*deux*	2
Les trois derniers doigts repliés ensemble..................	*trois*	3
Le médius et l'annulaire repliés ensemble..................	*quatre*	4
Le médius replié seul....................................	*cinq*	5
L'annulaire replié seul..................................	*six*	6

Pour les trois nombres suivants, il faut replier les doigts de telle sorte que leur extrémité s'approche le plus possible du poignet; les dispositions des doigts sont d'ailleurs semblables à celles qui correspondent aux trois premiers nombres.

L'auriculaire replié sur la paume de la main..............	*sept*	7
L'auriculaire avec l'annulaire............................	*huit*	8
Les trois derniers doigts repliés ensemble.................	*neuf*	9

LES ARTICULÉS.

Pour la représentation des dizaines, les trois derniers doigts de la main gauche sont allongés, et les articulations du pouce et de l'index représentent les nombres de dizaines, que les anciens appelaient *articulés*.

L'extrémité de l'index sur le pli intérieur du pouce allongé, et formant cercle avec l'index, signifie.................	*dix*	10

Le pouce et l'index allongés et rapprochés signifient....	*vingt*	20
Le pouce et l'index réunis en cercle par les extrémités..	*trente*	30
Le pouce courbé sur l'ongle de l'index..................	*quarante*	40
Le pouce courbé à la base de l'index....................	*cinquante*	50
L'index courbé sur le pouce replié......................	*soixante*	60
L'index appuyé sur l'ongle du pouce allongé.............	*septante*	70
Sur le milieu extérieur du pouce allongé................	*octante*	80
L'index replié à côté du pouce allongé..................	*nonante*	90

En combinant sur la main gauche les digits et les articulés, on peut donc représenter tous les nombres de 0 à 99.

MARIAGE DE LA MAIN GAUCHE.

Comme nous l'avons dit plus haut, on représente les *centaines* au moyen des trois derniers doigts de la main droite par des dispositions semblables à celles qui représentent les neuf premiers nombres avec les trois derniers doigts de la main gauche.

De même, on représente les *mille* avec le pouce et l'index de la main droite de la même manière que nous avons représenté les dizaines avec le pouce et l'index de la main gauche.

Pour représenter tous les nombres de 0 à 9999, c'est-à-dire tous les nombres de quatre chiffres au plus, on marie la main droite avec la main gauche. Veut-on, par exemple, représenter le nombre 1884; nous nous servirons de la main droite en prenant l'*articulé* 10 et le *digit* 8, et de la main gauche en prenant l'*articulé* 80 et le *digit* 4.

Bien que ces dispositions paraissent assez arbitraires, nous observerons que le signe du zéro semble indiquer que l'on n'a rien dans les mains, tandis que le signe de 9999 semble indiquer que l'on a les mains pleines.

COQUETTERIE FÉMININE.

Le lecteur a dû observer que nous avons écrit les mots *septante*, *octante*, *nonante*, qui ne sont plus, sauf dans certaines contrées, d'un usage courant. Nous aurions dû aussi écrire *unante*, *duante*, au lieu de dix et de vingt; tout le monde sait que l'emploi de ces mots facilite beaucoup aux enfants l'étude des premiers principes du calcul, quitte à leur apprendre plus tard les exceptions qui sont consacrées par l'usage. Nous savons bien qu'on nous répondra que tout est pour le mieux dans la meilleure des Arithmétiques, et que personne, en songeant à l'année terrible *quatre-vingt-treize* du siècle dernier, ne dira *nonante-trois;* c'est que quatre-vingt-treize fait si bien à l'oreille, et le mot *treize*, qui vient là, nombre fatidique, semble semer la terreur comme le clairon de la fanfare guerrière. Or treize n'existe pas autrement dans 93 que dans ses deux voisins 92 et 94. Mais c'est aux dames que nous adresserons notre réclamation; cette manière de dénommer les dizaines présente une régularité finale si parfaite, qu'elle peut servir d'appoint à la coquetterie féminine. Je ne me rappelle plus le nom de ce président de tribunal demandant l'âge d'une dame et qui obtint cette réponse : « ... *ante ans, monsieur le président* ». Ainsi, avec l'emploi des mots septante, octante, nonante, de trente à cent ans, on aurait toujours ... ante ans.

L'ARITHMÉTIQUE A QUATRE PATTES.

Mais, cher lecteur, laissons de côté notre pruderie pédagogique, et revenons à notre sujet. Nous avons vu que les signes de la main gauche représentaient tous les nombres de 0 à 99, et ceux de la main droite, les centaines. On peut donc considérer l'emploi de ces signes comme un système de numération dans lequel les ordres successifs d'unités sont chaque fois des nombres cent fois plus grands, ou en d'autres termes, le système de *numération centésimale*. Par conséquent, si une seconde personne, placée à la droite de la première, compte aussi sur ses doigts, ces deux personnes peuvent, en opérant simultanément, représenter tous les nombres de 0 à 99999999 ou jusqu'à cent millions. On pourrait, il est vrai, après beaucoup d'exercices, remplacer l'aide de la seconde personne en se servant des doigts des membres inférieurs; mais, comme le dirait Mossieu Prudhomme, notre éducation et nos usages ne le permettent point.

Heureux, heureux les singes, s'ils connaissaient leur bonheur!

Ces intelligents animaux, nos cousins issus de germains, dit-on, en leur qualité de quadrumanes pourraient compter sur leurs doigts, en jouant des pieds et des mains, jusqu'à cent millions, et peut-être qu'au xxe siècle, nos petits-neveux verront à l'Hippodrome des Chimpanzés et des Ouistitis suffisamment instruits pour compter sur tous leurs doigts, en faisant de l'*Arithmétique à quatre pattes*. Ils dépasseront ainsi, en intelligence et en savoir, le célèbre chien MUNITO, qui fut si habile au jeu de dominos.

C'est probablement à cause de la conformation de leurs membres que les ânes ont la réputation de ne pas savoir compter; leurs doigts sont renfermés dans des sabots; il leur serait donc assez difficile de compter jusqu'à quatre; encore faudrait-il qu'ils eussent les quatre fers en l'air. *Pauvres baudets!*

SIMPLE AMUSETTE.

Retournez tous les dés d'un jeu de dominos, en ayant le soin d'escamoter un dé non doublé. Dites ensuite à une personne de tirer un dé au hasard et de le faire voir, puis de retourner successivement les autres dominos pour les disposer au fur et à mesure suivant la règle, sans fermer le jeu et sans tenir compte des doubles, ou en intercalant ceux-ci dans le jeu lors de leur tirage. Vous prédirez les points des deux extrémités de la disposition, qui sont les mêmes que les deux points du domino que vous avez escamoté.

En effet, lorsque l'on place les dominos à la suite les uns des autres suivant la règle du jeu, c'est-à-dire de telle sorte que deux dés consécutifs se touchent par des points égaux, le jeu se termine toujours par un point final égal au point initial; ainsi, lorsqu'on a commencé par un cinq, le jeu se termine par un cinq, à la condition de ne pas fermer le jeu avant d'avoir employé tous les dominos. On peut placer les vingt-huit dominos en cercle, suivant la règle; si donc on enlève le *cinq-trois*, la disposition rectiligne des vingt-sept autres dominos d'après la règle du jeu commencera et se terminera, d'un côté, par un *cinq*, et de l'autre par un *trois*.

Vous intriguerez beaucoup les personnes qui ne connaissent pas ce divertissement, en ayant l'air de faire un calcul compliqué, au moment où l'on vous montrera le premier domino qu'on aura tiré. Si vous replacez adroitement le *trois-cinq* ou tout autre dé non doublé que vous avez escamoté, en retournant de nouveau les dominos et en faisant de nouveau leur mélange, vous pourrez facilement recommencer l'amusette; mais alors suivez le principe de Bachet de Méziriac : « J'admoneste ceux qui voudront mettre ces jeux en usage et d'en avoir du contentement, qu'ils prennent le soin de les faire avec une telle dextérité qu'on n'en puisse pas aisément découvrir l'artifice; car ce qui ravit les esprits des hommes, c'est un effet admirable dont la cause leur est inconnue. C'est pourquoi, si l'on fait plusieurs fois de suite le même jeu, il faut toujours y apporter quelque diversité. »

ENCORE UNE AMUSETTE

*Retournez vingt-cinq dés d'un jeu de dominos, de manière à ne montrer aucun point, et placez-les à la suite les uns des autres sur une seule ligne en les accolant par le grand côté. **Dites ensuite à une personne de déplacer en cachette un certain nombre, jusqu'à douze, de dominos consécutifs à l'une des extrémités pour les replacer à l'autre.** Vous devinerez le nombre des dés déplacés en votre absence, en retournant le dé qui occupe le milieu de la disposition, par le nombre de ses points égal au nombre des dominos déplacés.*

Avant de faire exécuter ce problème, vous placez treize dominos, en les retournant, dans l'ordre suivant (*fig.* 12) :

Fig. 12.

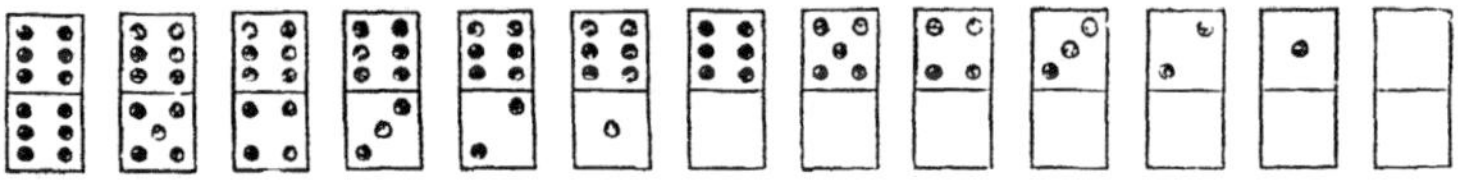

Les points de ces dominos, que l'on peut remplacer par d'autres, représentent les douze premiers nombres et zéro :

12, 11, 10, 9, 8, 7, 6, 5, 4, 3, 2, 1, 0.

On peut aussi se servir des cartes d'un jeu de whist en comptant l'as pour un, le valet pour onze, la dame pour douze, et le roi pour zéro.

Vous placez ensuite à la droite douze autres dominos ou douze cartes, dans un ordre quelconque, et en les retournant. Si une personne fait passer de la droite à la gauche un certain nombre de dominos, le nombre des dominos déplacés est égal au nombre des points du domino qui occupe le milieu de la disposition. Car si l'on n'a déplacé aucun domino, le centre de la disposition est occupé par le double blanc ou zéro; si l'on a placé un domino en avant, le centre est occupé par l'as blanc, et ainsi de suite.

On peut continuer l'amusette en priant une autre personne de déplacer en cachette en les portant de la droite à la gauche un autre nombre de dominos; vous devinerez encore le nombre des dominos déplacés en retournant le domino qui suit à droite celui du milieu, et dont le rang est égal au nombre des dominos déplacés par la première personne.

LE COUP MAXIMUM AUX DOMINOS.

Le jeu de dominos se joue à deux, à trois ou à quatre; dans ce dernier cas, les joueurs peuvent avoir leurs intérêts séparés ou réunis.

Le jeu se joue encore, avec un *mort*, comme au whist; mais les règles de ces différentes parties sont suffisamment connues pour qu'il soit inutile de les développer ici.

Dans la partie du domino à quatre, lorsque chacun des joueurs prend sept dés, il existe plusieurs dispositions curieuses dans lesquelles le premier joueur gagne nécessairement la partie, pendant que le deuxième et le troisième joueur ne peuvent parvenir à poser un seul dé.

Supposons, par exemple, que le premier joueur possède les quatre premiers blancs et les trois derniers as (*fig.* 13), c'est-à-dire les dominos

Fig. 13.

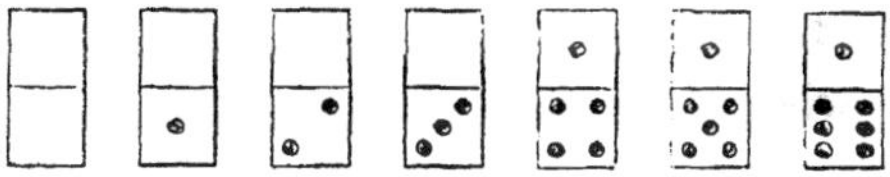

Supposons que le quatrième joueur possède les six dés qui forment les autres blancs et les autres as (*fig.* 14)

Fig. 14.

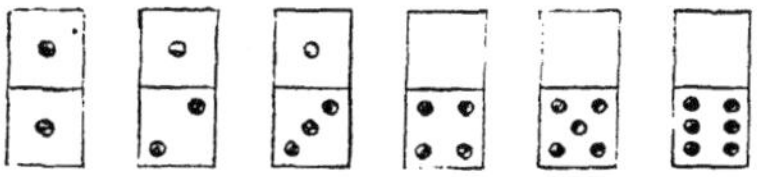

avec un domino quelconque, et que les autres joueurs se par

tagent ce qui reste. Dans ce cas, le premier joueur gagne nécessairement la partie après la pose des treize dominos indiqués plus haut, tandis que les autres joueurs n'ont pu poser aucun dé. Le nombre total des points de ces treize dés étant égal à quarante-huit. le premier joueur gagne donc cent-vingt points en un seul coup; c'est le *coup maximum*.

En effet, le premier joueur pose le double blanc; le deuxième et le troisième joueur boudent et bouderont chaque fois, car le premier joueur s'arrangera toujours de manière à placer du blanc et de l'as aux deux extrémités du tableau.

AUX DOMINOS QUI POSE PERD.

Dans une partie à deux au jeu de dominos, l'un des joueurs a les six premiers blancs et l'autre joueur les six derniers six; on suppose que l'on n'a pas le droit de fermer le jeu. Celui qui pose le premier perd la partie.

Ainsi la part du premier joueur se compose des six dés (*fig.* 15)

Fig. 15.

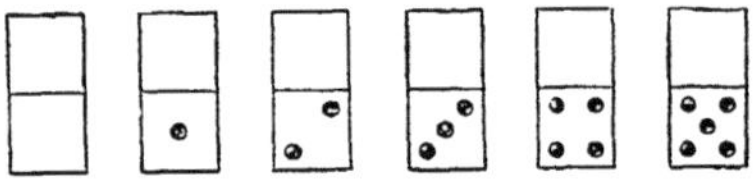

et la part du second se compose de (*fig.* 16)

Fig. 16.

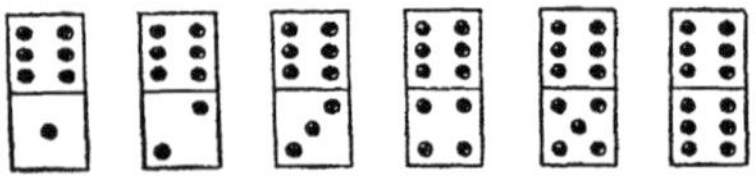

Pour gagner, celui qui joue en second n'a qu'à poser son deuxième dé près de son premier. S'il plaçait ce deuxième dé près de celui qu'a posé le premier joueur, il perdrait la partie. En outre, si le premier joueur n'a pas posé le double blanc, le second joueur ne doit pas poser comme deuxième dé le double six.

DEVINETTE ARITHMÉTIQUE.

Les dominos étant tous retournés et placés en A (*fig.* 17), on en tire successivement un, deux, trois, etc., jusqu'à douze, et on les place en B; on en prend un treizième que l'on place en C, après avoir regardé, en cachette, le nombre des points qu'il contient.

Fig. 17.

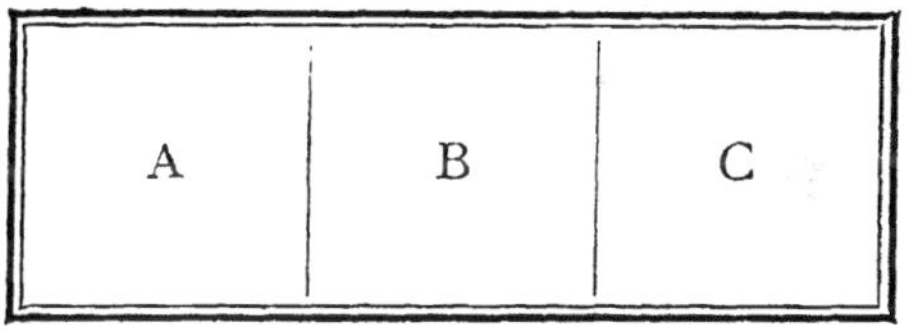

Supposons, par exemple, qu'il en contienne cinq; on retire alors de A, pour les placer en B, d'autres dominos en continuant à compter six, sept, huit, etc., jusqu'à douze. Puis on prend encore en A un domino que l'on place en C, après avoir regardé le nombre des points qu'il renferme.

On continue à prendre des dominos en A, pour les placer en B, en recommençant à compter de ce nombre jusqu'à douze, et ainsi de suite. Au bout d'un certain temps, le jeu se trouve épuisé en A; alors deux cas peuvent se présenter :

1° Si l'on tire le dernier dé de A en comptant treize, on le place en B et non en C, et la manœuvre est terminée;

2° Si l'on prend le dernier dé de A en comptant moins de treize, *huit*, par exemple, on replace ce dé en A, en disant *neuf;* puis on reprend d'autres dominos de B, en comptant dix, onze, etc., jusqu'à treize, et la manœuvre est encore terminée. Cela fait, les dominos étant toujours retournés, on propose à une personne qui connaît la marche de l'opération, mais qui n'en a pas suivi les détails, de deviner le nombre total des points des dominos situés en C.

Pour résoudre cette question, il suffit de multiplier par 13 le nombre augmenté d'une unité des dominos placés en C, de retrancher du produit obtenu le nombre des dominos placés en A et le nombre total des dominos employés, car on peut se servir de plusieurs jeux complets ou incomplets.

Nous avons donné, dans nos *Récréations mathématiques* (t. II, p. 49), la démonstration de cette règle pratique.

Problème XV. — jeux de tonneaux.

Trois personnes ont à se partager vingt et un tonneaux dont il y a sept pleins de vin, sept vides et sept pleins à demi. On demande comment peut se faire le partage, de telle sorte que les trois personnes aient, sans transvasement, un nombre égal de tonneaux et la même quantité de vin?

On suppose, bien entendu, que les tonneaux vides, pleins ou demi-pleins sont d'égale contenance. Il faut bien se garder d'appliquer le raisonnement suivant :

Un tonneau à moitié vide égale un tonneau à moitié plein;

par conséquent, en doublant, on obtiendrait

Un tonneau vide égale un tonneau plein.

Pour résoudre le problème en question, on observera tout de suite que chaque personne doit avoir sept tonneaux, et que la quantité de vin qui revient à chacune est équivalente à sept tonneaux demi-pleins. Voici une première solution :

	Tonneaux pleins.	Tonneaux demi-pleins.	Tonneaux vides.
Première personne	2	3	2
Deuxième personne.....	2	3	2
Troisième personne....	3	1	3

Voici une seconde solution :

	Tonneaux pleins.	Tonneaux demi-pleins.	Tonneaux vides.
Première personne	3	1	3
Deuxième personne.....	3	1	3
Troisième personne....	1	5	1

CHAPITRE DEUXIÈME.

—

LE CALCUL RAPIDE.

LE CALCUL MENTAL.

Il est facile de développer chez les enfants la pratique et le goût du calcul mental. J'ai connu autrefois un instituteur dont la plupart des élèves, de huit à douze ans, savaient par cœur la Table de Pythagore étendue jusqu'à cent fois cent, et qui calculaient rapidement de tête les produits de deux nombres de quatre chiffres, en faisant la multiplication par paquets de deux chiffres. Parfois cette faculté se développe spontanément chez quelques individus d'une façon vraiment extraordinaire; ce fut le cas de Mangiamelli, le berger sicilien et d'Henri Mondeux, le pâtre de la Touraine; ils opéraient les multiplications et les divisions par paquets de trois chiffres; mais ils ne devinrent pas des mathématiciens.

Lorsque l'enfant sait compter jusqu'à vingt-neuf, avec une

boîte de dominos, en y comprenant les dominos et la boîte, il connaît les dix-sept mots qui servent à former leurs dénominations. Il se familiarise peu à peu avec le mécanisme de la numération, de l'addition et de la soustraction; avec quelques mots de plus, ceux des dizaines, cent, mille, million, billion ou milliard, il connaît tous les nombres jusqu'à douze chiffres, en voilà bien assez pour la pratique, sans qu'il soit nécessaire de lui faire connaître les *septillions*.

AMPÈRE ET SES HARICOTS.

La faculté qui, chez Ampère, se développa la première fut celle du calcul arithmétique. Avant même de connaître les chiffres et de savoir les tracer, il faisait de longues opérations au moyen d'un nombre très borné de petits cailloux ou de haricots. Peut-être était-il déjà sur la voie des ingénieuses méthodes des Hindous; peut-être ses cailloux se combinaient-ils entre eux comme les grains enfilés sur plusieurs lignes parallèles, que les brahmanes de Pondichéry, de Calcutta et de Bénarès manient avec tant de précision, de rapidité, d'exactitude. Maintenant, s'il faut montrer à quel point extraordinaire l'amour du calcul s'était emparé du jeune écolier, nous dirons que la tendresse maternelle l'ayant privé, pendant une grave maladie, de ses chers petits haricots, il y suppléa avec les morceaux d'un biscuit qui lui avait été accordé après trois jours d'une diète absolue. Nous n'insisterons pas davantage sur cette anecdote, et nous ajouterons avec Arago à qui nous l'avons empruntée : « Je suis loin de la présenter comme un indice incontestable de la future vocation d'Ampère. Je sais qu'il est des enfants dont rien ne peut surmonter l'apathie, et que d'autres, au contraire, s'intéressent de tout, s'amusent de tout, même d'opérations arithmétiques sans but. Se récrie-t-on sur cette dernière circonstance? Quelqu'un s'avise-t-il de la taxer d'exagération, de placer les calculs numériques au nombre de ces choses dont le besoin, le devoir peuvent seuls faire surmonter le dégoût? Ma réponse est toute prête. Je citerai non de simples écoliers, mais un savant distingué à qui je témoignais un jour ma surprise de le voir, en pleine séance académique, entreprendre la multiplication de deux énormes lignes de chiffres pris au hasard. Vous oubliez, me répondit-il sur-le-champ, vous oubliez le plaisir que j'éprouverai tout à l'heure à faire la preuve du calcul par la division [1] ».

LE CALCUL ANTILÉTHARGIQUE.

Il ne faudrait pas laisser se développer outre mesure, chez les enfants, cette faculté du calcul mental; mais il est bon pourtant de la leur faire acquérir dans le jeune âge. Elle se conserve plus tard et facilite beaucoup l'étude de toutes les Sciences. Les plus grands mathématiciens ne l'ont point dédaignée; ainsi Euler et Wallis étaient, en même temps que savants illustres, des calculateurs émérites. Ils résolvaient, sans le secours de la plume ou du crayon, les problèmes numériques et algébriques les plus.

(1) Arago, *Notices biographiques*, Ampère

compliqués. Wallis était doué d'une mémoire prodigieuse; il lui arriva, une nuit, d'extraire de tête la racine carrée d'un nombre de cinquante chiffres et de la dicter le lendemain. Au tableau ou sur le papier, cette opération me demanderait plus d'une heure, et encore ne serais-je pas bien assuré de l'exactitude du résultat.

Nous terminerons cette digression sur le calcul mental par l'anecdote suivante que nous empruntons à la biographie de Monge par Arago. Lagny était un membre distingué de l'ancienne Académie des Sciences; il adorait les calculs numériques. Il a donné notamment les 154 premières décimales du rapport de la circonférence au diamètre. Vers la fin de sa vie, dans une grave maladie, il était tombé dans un tel état d'insensibilité, que depuis plusieurs jours on n'avait pas réussi à lui arracher une syllabe; mais un de ses amis lui ayant murmuré à l'oreille: combien font douze fois douze, il répondit aussitôt : Cent quarante-quatre. C'est ainsi que le malade fut réveillé de sa léthargie. Inversement, on pourrait, par ce procédé, constater la mort des calculateurs; c'est à la suite de l'application à Monge d'un procédé semblable, que l'on perdit tout espoir de le sauver et que l'on put prédire sa fin prochaine. Il n'avait point tressailli à l'audition de la *Marseillaise*.

MACHINES ARITHMÉTIQUES A GROSSE TÊTE.

Pour apprendre à l'écolier l'addition et la multiplication, gardons-nous bien de lui faire réciter, sur un ton dolent et monotone : « deux fois deux font quatre, deux fois trois font six, deux fois quatre font huit », et de lui faire défiler ainsi toute la Table de Pythagore; ce serait donner à ses facultés arithmétiques un enterrement de première classe. L'enfant doit construire la Table lui-même, et voici comment je l'enseignais à mon fils dès l'âge le plus tendre. Il savait déjà compter de deux en deux par les numéros des maisons de la rue. Le côté des numéros pairs, c'est la deuxième colonne de la Table, n'est-ce pas? Pour les autres colonnes, je lui faisais disposer dans l'ordre les 90 boules du jeu de loto. En les retirant de trois en trois, de quatre en quatre, et ainsi de suite, il obtenait les autres colonnes qu'il inscrivait au fur et à mesure sur un grand damier [1]. Quelques jours après, le bambin me ménageait une surprise; il avait construit tout seul une Table de multiplication jusqu'à trente fois trente; ce n'était pas une merveille de calligraphie, il y avait bien quelques gros pâtés, mais il n'y avait pas d'erreurs. Un matin, à son réveil, il me demandait le produit de deux nombres de deux chiffres qu'il venait de calculer de tête; il voulait s'assurer s'il était aussi bon calculateur que papa! Il apprenait à calculer, mais trop vite; alors j'interrompis les leçons, car je ne désire pas qu'il devienne comme Mondeux, Mangiamelli ou quelque pâle Inaudi, une machine arithmétique à grosse tête. Mais il m'aura bientôt dépassé et saura calculer d'instinct, c'est-à-dire suivant Arago, comme les hommes respirent, comme les poissons nagent, comme les oiseaux planent dans les airs.

[1] Avec deux jeux de boules de loto, on peut construire la Table sans rien écrire.

EXERCICES D'ADDITION.

Pour apprendre l'addition aux enfants, on les fait compter de un en un, de deux en deux, de trois en trois, jusqu'à cent et plus, au moyen des Tableaux suivants que l'on dessine sur un carton ou sur le tableau.

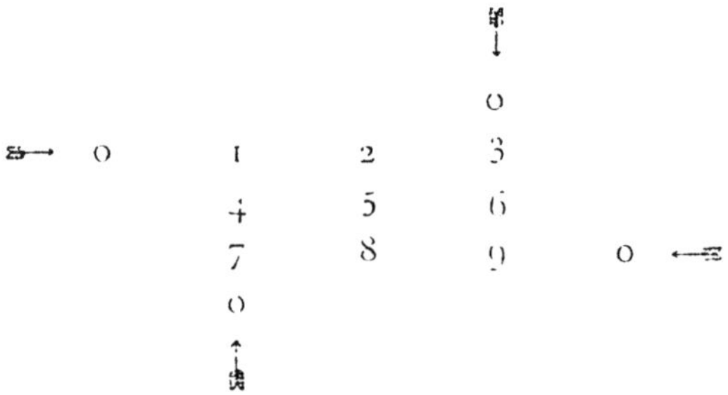

On fait compter les nombres de un en un, à partir d'une dizaine *trente*, par exemple, en montrant successivement avec une baguette les chiffres dans l'ordre suivant :

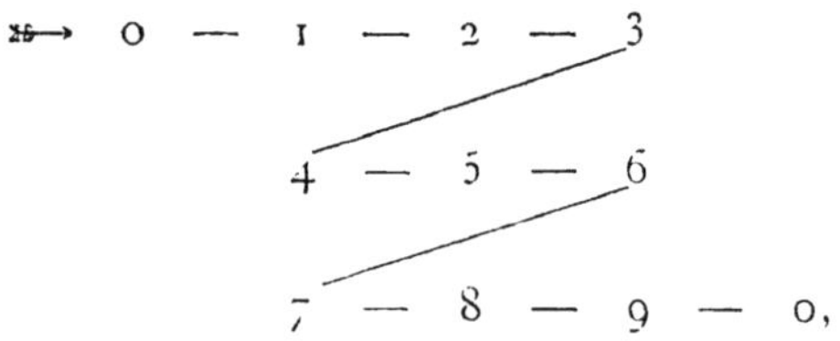

pendant que l'écolier comptera trente, trente et un, trente-deux, jusqu'à quarante; on le fera décompter, en opérant dans l'ordre inverse.

On fait compter les nombres de trois en trois ; à partir d'une dizaine *vingt,* par exemple, en montrant successivement avec une baguette les chiffres dans l'ordre

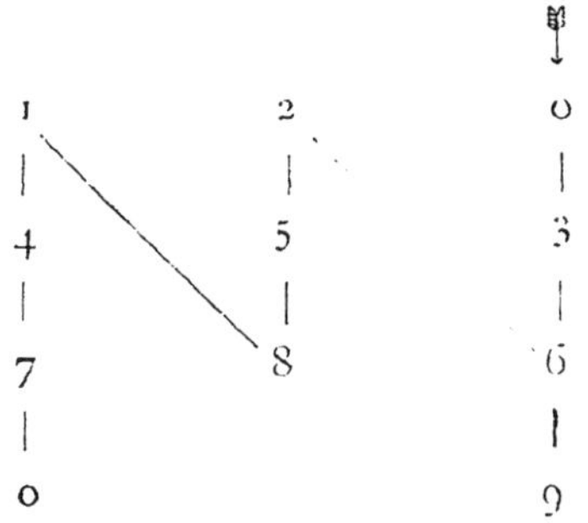

pendant que l'écolier lira tout haut : vingt, vingt-trois, vingt-six, vingt-neuf, trente-deux, etc. ; on le fera décompter en opérant dans l'ordre inverse.

On fait compter les nombres de sept en sept, dans l'ordre inverse précédent, en lisant dix, dix-sept, vingt-quatre, trente et un, et l'on fait observer qu'ajouter sept revient à ajouter dix et retrancher trois.

On fait compter de neuf en neuf par l'ordre inverse de compter de un en un ; et l'on fait observer que, pour ajouter neuf, il faut ajouter dix et retrancher un.

LES NOMBRES PAIRS.

On fait compter de deux en deux à partir de zéro, pour obtenir es nombres pairs, à l'aide du Tableau

			↓		
			0		
→	0	2	4		
		6	8	0	←
		0			
		↑			

et l'on forme les nombres pairs 2, 4, 6, 8, ..., soit dans l'ordre croissant, soit dans l'ordre décroissant. Le même Tableau apprend à compter et à décompter de quatre en quatre, de six en six, et de huit en huit.

Les nombres *pairs* sont les doubles de tous les nombres entiers; on appelle *pairement pairs* les doubles de tous les nombres pairs, c'est-à-dire 4, 8, 12, 16, 20, ...; on les compte de quatre en quatre.

LES NOMBRES IMPAIRS.

On fait compter les nombres impairs de deux en deux à partir de *un*, au moyen du Tableau

			↓		
			1		
→	1	3	5		
		7	9	1	←
		1			
		↑			

Le même Tableau permet de faire compter et décompter de quatre en quatre, de six en six, de huit en huit, à partir de l'unité.

On appelle *impairement pairs* les nombres doubles d'impairs; on les compte de quatre en quatre à partir de deux.

Enfin on apprend à compter ou à décompter de cinq en cinq, au moyen du Tableau suivant :

↓	↓	↓	↓	↓
0	1	2	3	4
5	6	7	8	9

Lorsque les écoliers sont familiarisés avec ces exercices, on reprend le premier Tableau

1	2	3
4	5	6
7	8	9

et on leur fixe avec la baguette un chiffre quelconque, 5 par exemple, puis on désigne un autre chiffre 8, l'écolier doit prononcer immédiatement treize, sans dire 5 et 8 font treize, mais de telle sorte qu'il indique instantanément le résultat de l'addition du dernier nombre au chiffre indiqué.

En opérant de cette façon, on développe rapidement chez les enfants la pratique du calcul.

On continue les exercices en reprenant les premiers tableaux et l'on fait compter de onze en onze, de vingt-un en vingt-un, de trente-un en trente-un, et ainsi de suite.

Puis de douze en douze, de vingt-deux en vingt-deux, et ainsi de suite.

On observera encore qu'ajouter 19, 29, 39, ..., revient à ajouter 20, 30, 40, ..., et retrancher un; de même pour ajouter 18, 28, 38, etc.

LES NOMBRES COMPLÉMENTAIRES.

En apprenant aux enfants à former leurs chiffres, on leur donne à faire des additions de nombres formés d'abord de chiffres tous semblables, en commençant par les 1, les 2, les 3, ..., jusqu'à 9. Voici les derniers exemples :

			99999
		99999	99999
	99999	99999	99999
99999	99999	99999	99999
99999	99999	99999	99999
199998	299997	399996	499995

Le nombre 99999 étant 100000 moins un, le double en sera 200000 moins deux, le triple en sera 300000 moins trois, et ainsi de suite.

De même, on fera exécuter des additions dans lesquelles les chiffres d'une même ligne seront tous les mêmes, ceux des colonnes étant différents.

Deux nombres sont dits *complémentaires*, lorsque la somme des chiffres des unités de même ordre est égale à neuf; ainsi les nombres

26432 et 73567

sont complémentaires, et leur somme est 99999.

Avec la notion des nombres complémentaires, il est possible de prédire à l'avance le total d'une addition; dites à une personne d'écrire trois nombres de cinq chiffres au plus, pour une addition dont le total sera 299 997; il vous suffit d'écrire au-dessous des trois nombres écrits par la personne les trois nombres complémentaires; leur somme sera égale à trois fois 99 999.

LA MULTIPLICATION PAR ONZE.

Au lieu d'écrire le multiplicande, le multiplicateur 11, puis deux fois encore le multiplicande avant d'écrire le produit, on peut écrire tout de suite celui-ci de la manière suivante. On écrit le chiffre des unités, on ajoute le chiffre des unités à celui des dizaines; puis, le chiffre des dizaines à celui des centaines, et ainsi de suite en tenant compte des retenues. Par exemple, pour multiplier 4325 par 11, voici la physionomie du calcul:

Multiplier	4325	*par* 11
	47575	*est le produit.*

Et l'on dit 5 (que je pose), puis 5 et 2, 7 (que je pose), 2 et 3, 5 (que je pose), 3 et 4, 7 (que je pose), et enfin 4.

Ainsi, on a encore

$$11 \times 1 = 11$$
$$11 \times 11 = 121$$
$$11 \times 121 = 1331$$
$$11 \times 1331 = 14641$$
$$11 \times 14641 = 161051$$
$$\dots\dots\dots$$

De même, pour multiplier un nombre quelconque par 111, on suppose deux zéros écrits à sa droite et deux zéros écrits à sa gauche; puis on fait les sommes de trois chiffres consécutifs, en supposant les zéros écrits, et en commençant par la droite, en tenant compte des retenues. De même, pour multiplier par 1111, etc. Voici quelques exemples extraits du *Talkhys :*

$$1 \times 1 = 1$$
$$11 \times 11 = 121$$
$$111 \times 111 = 12321$$
$$1111 \times 1111 = 1234321$$
$$11111 \times 11111 = 123454321$$
$$111111 \times 111111 = 12345654321$$
. . . .

Le *Talkhys* est un Traité d'Arithmétique pratique d'Ibn Albanna, mathématicien et astronome qui florissait au Maroc dans la première moitié du XIIIe siècle. La Bibliothèque nationale de Paris possède un certain nombre de manuscrits arabes renfermant des commentaires de ce Traité. Voici la traduction du commencement et de la fin du manuscrit coté 95 au supplément arabe de la Bibliothèque. C'est un commentaire du *Talkhys* par Alkalaçadi, mathématicien arabe espagnol, mort en 1486.

« Au nom de Dieu clément et miséricordieux. Que la bénédiction et le salut divins soient sur notre Seigneur Mohammed !

» Le serviteur du Dieu très haut, celui qui a besoin de son pardon, *Ali ben Mohammed Ibn Mohammed ben Ali le Koraïchite Alandalouci Albasthî*, connu sous le nom d'Alkalaçâdî, que Dieu très haut soit miséricordieux avec lui, amen, amen, amen, amen, dit :

» Louange à Dieu qui a créé l'homme par sa grâce, et qui l'a fait exister pour ce qu'il a résolu et décrété par la volonté de ses jugements et de sa puissance. Que la bénédiction et le salut divins soient sur notre seigneur Mohammed, sa famille et ses compagnons.

» Pour en venir au fait, le but qu'on se propose est l'application de l'*Exposé des opérations du calcul* du chaïkh, du très savant imâm Ahmed, surnommé le Fils de l'architecte (Ibn Al-bannâ), l'habitant de Maroc. Puisse-t-il être agréable à Dieu, et puisse Dieu le rendre content ! »

. . . .

L'auteur termine son commentaire en montrant la manière de trouver les deux *nombres amiables* les plus petits, 220 et 284; ces nombres jouissent de la propriété que la somme des diviseurs de chacun d'eux est égale à l'autre, et la copie de ce manuscrit très moderne, datée du 14 septembre 1814, se termine ainsi :

« Louange à Dieu, le Maître de l'Univers, de la part de celui qui a écrit cette copie, et qui a besoin de la miséricorde de son Seigneur qui pardonne à son esclave, Al-hâdjdj Imâd Alfihrî; puisse Dieu accorder son pardon à lui, à ses parents, aux docteurs qui l'ont instruit et aux docteurs de ses docteurs jusqu'au jour de la résurrection. »

Nous donnerons encore les exemples suivants qui ont cet avantage d'apprendre aux enfants à former leurs chiffres tout en faisant des opérations faciles et graduées :

$$11 \times 111 = 1221$$
$$111 \times 11111 = 1233321$$
$$1111 \times 1111111 = 1234444321.$$
$$11111 \times 111111111 = 1234555554321.$$

. . . .

$$91 \times 1221 = 111111.$$
$$90090991 \times 1233321 = 111111111111111.$$

. . . .

Problème XVII. — La multiplication par neuf.

Pour développer chez les enfants le goût et la pratique du calcul, il est bon de leur donner des exemples fort simples dont les résultats peuvent exciter leur curiosité. Nous donnerons d'abord un procédé abrégé de multiplication par 9, et nous donnerons ensuite quelques exemples.

Multiplier un nombre par 9, c'est faire la somme de neuf nombres égaux au nombre donné; par conséquent, c'est prendre dix fois le nombre et retrancher une fois. De là, la règle suivante : pour multiplier un nombre par 9, on ajoute par la pensée un zéro à la droite et l'on retranche le chiffre des unités de dix, puis celui des dizaines de celui des unités, le chiffre des centaines de celui des dizaines, et ainsi de suite en tenant compte des retenues.

Par exemple, pour multiplier 483 par 9, on dit :

Trois et *sept* (que l'on pose), *dix*, et je *retiens un;*
Un et huit, *neuf* et *quatre* (que l'on pose), *treize, retiens un;*
Un et quatre, *cinq* et *trois* (que l'on pose), *huit;*
Zéro et quatre, *quatre* (que l'on pose).
La physionomie du calcul est la suivante.

Multiplier 483 *par* 9.
4347 *est le produit.*

Dans le calcul rapide, on supprime le plus de mots qu'il est possible; dans l'opération que nous venons d'expliquer, il suffit de prononcer, de murmurer les mots soulignés, en pensant les autres.

Voici quelques résultats de la multiplication par 9, curieux par leur symétrie et leur simplicité.

9×1	plus	2	fait	11.
9×12	»	3	»	111.
9×123	»	4	»	1111.
9×1234	»	5	»	11111.
9×12345	»	6	»	111111.
9×123456	»	7	»	1111111.
9×1234567	»	8	»	11111111.
9×12345678	»	9	»	111111111.
9×123456789	»	10	»	1111111111.

Dans l'exemple précédent, les chiffres du multiplicande vont en croissant, dans le suivant ils vont en décroissant.

9×9	plus	7	fait	88.
9×98	»	6	»	888.
9×987	»	5	»	8888.
9×9876	»	4	»	88888.
9×98765	»	3	»	888888.
9×987654	»	2	»	8888888.
9×9876543	»	1	»	88888888.
9×98765432	»	0	»	888888888.

De même pour *multiplier un nombre par* 99 ou cent moins un, on ajoute deux zéros à sa droite et à sa gauche, et l'on retranche chacun des chiffres du deuxième à droite. Pour multiplier par 999, ou mille moins un, on ajoute trois zéros à droite et à gauche, et l'on retranche chacun des chiffres du troisième à droite.

Pour *multiplier par* 98, *par* 97, *par* 998, *par* 997, etc., on multiplie par 100 moins deux, moins trois ou par 1000 moins deux, moins trois.

Pour multiplier par 8, on peut multiplier par 9 et retrancher une fois, ou par 10 et retrancher deux fois; voici des exemples curieux :

8 × 1	plus	1	fait	9.
8 × 12	»	2	»	98.
8 × 123	»	3	»	987.
8 × 1234	»	4	»	9876.
8 × 12345	»	5	»	98765.
8 × 123456	»	6	»	987654.
8 × 1234567	»	7	»	9876543.
8 × 12345678	»	8	»	98765432.
8 × 123456789	»	9	»	987654321.

Voici encore quelques exemples de produits de nombres formés d'un même chiffre.

$9 \times 9 = 81.$
$99 \times 99 = 9801.$
$999 \times 999 = 998001.$
$9999 \times 9999 = 99980001.$
$99999 \times 99999 = 9999800001.$
. . . .

$9 \times 7 = 63.$
$99 \times 77 = 7623.$
$999 \times 777 = 776223.$
$9999 \times 7777 = 77762223.$
$99999 \times 77777 = 7777622223.$
. . . .

Ces derniers exemples sont encore extraits du *Talkhys*.

. . . . 111 = 3.37
1111 = 11.101
11111 = 41.271
111111 = 3.7.11.13.37
1111111 = 239.4649
11111111 = 11.73.101.137
111111111 = 3^2.37.333667
1111111111 = 11.41.271.9091
11111111111 = 21649.513239
111111111111 = 3.7.11.13.37.101.9901
1111111111111 = 53.79.265371653
11111111111111 = 11.239.4649.909091
111111111111111 = 3.31.37.41.271.2906161
1111111111111111 = 11.17.73.101.137.5882353
11111111111111111 = 2071723.5363222357
111111111111111111 = 3^2.7.11.13.19.37.333667.52579

Problème XVIII. — les cartes pensées.

Vous placez sur la table les neuf premières cartes de même couleur, de l'as jusqu'au neuf, d'un jeu de whist, et vous priez plusieurs personnes de penser une carte; deviner les cartes pensées par chacune des personnes présentes?

Prenez une feuille de papier et un crayon, et priez la premièr personne de doubler le nombre des points de la carte pensée d'ajouter un, de multiplier par 5 et de passer la feuille de papier à la deuxième personne.

Dites à la deuxième personne d'ajouter le nombre des points de sa carte pensée au résultat précédent, de doubler, d'ajouter un, de multiplier par 5 et de passer la feuille de papier à la troisième personne.

Et ainsi de suite.

Lorsqu'on vous donnera le résultat final, retranchez-en le nombre formé par autant de cinq qu'il y a de personnes et, par exemple, retranchez-en 555555, s'il y a six personnes; le chiffre des plus hautes unités du reste représente le nombre des points de la carte pensée par la première personne; le chiffre qui vient ensuite représente le nombre des points de la carte pensée par la deuxième personne, et ainsi de suite. Lorsque l'un des chiffres du reste est zéro, excepté le dernier qui l'est toujours, c'est que l'une des personnes n'a pas pensé de carte.

On observera que le nombre 555555 est précisément le nombre que l'on obtiendrait par le calcul, si toutes les personnes n'avaient pensé aucune carte; que le résultat final serait 666666 si toutes les personnes avaient pensé l'as; que le résultat final serait 777777 si toutes les personnes avaient pensé le deux.

Cette récréation n'est donc, en définitive, qu'une application fort simple de la numération décimale.

On peut évidemment compliquer le problème, et faire multiplier par des nombres quelconques et ajouter des nombres aussi quelconques; le petit magicien qui fera exécuter le problème fera les mêmes calculs que ceux qu'il propose, en supposant que toutes les personnes n'aient pensé aucune carte; puis il retranchera le résultat final qu'il aura obtenu du résultat final qui lui sera présenté; les chiffres du reste lui indiqueront les points des diverses cartes pensées.

Voilà d'excellents exercices de calcul mental, pour les petits enfants. Nous donnerons comme exemple, une variante du problème précédent, que nous tirons des *Problèmes* de Bachet.

Problème XIX. — les nombres pensés.

Deviner plusieurs nombres pensés, pourvu que chacun d'eux soit moindre que dix?

Fais multiplier le premier nombre pensé par 2, puis ajouter 5 au produit et multiplier le tout par 5, et à cela ajouter 10 ; puis, y ajouter le second nombre pensé et multiplier le tout par 10; puis, y ajouter le troisième nombre pensé, et si l'on a pensé davantage de nombres, fais encore multiplier cela par 10, puis ajouter le quatrième nombre, et ainsi fais toujours multiplier par 10 et ajouter un des autres nombres pensés. Alors fais-toi déclarer la dernière somme; si l'on n'a pensé que deux nombres, soustrais-en 35, et du reste le chiffre des dizaines te montrera le premier nombre pensé, et le chiffre des unités le second.

Que si l'on a pensé trois nombres, ôte de la dernière somme 350, et le chiffre des centaines du reste exprimera le premier nombre pensé, celui des dizaines le second et celui des unités le troisième. Et de même façon tu procéderas toujours à deviner davantage de nombres, comme si l'on en a pensé quatre, tu soustrairas 3500 de la *dernière somme*.

PROBLÈME XX. — LA BAGUE AU DOIGT.

> N'ouvre ta porte, ma belle,
> Que la bague au doigt.
> (SÉRÉNADE DE MÉPHISTO.)

La méthode générale que nous avons expliquée peut être appliquée à diverses choses particulières. Les uns s'en servent pour deviner combien il y a de points en chaque dé, de tant de dés qu'on en aura jetés, et la pratique en est bien aisée, car les points d'un dé ne peuvent jamais dépasser six, et il suffit de supposer que les points de chaque dé sont un nombre pensé et la règle est la même.

Les uns s'en servent aussi pour deviner la boule qu'on aura tirée du sac d'un jeu de loto, car il suffit de supposer que les deux chiffres du numéro tiré sont deux nombres pensés.

Les autres s'en servent encore pour deviner laquelle de plusieurs personnes aura pris une bague, en quelle main elle l'aura placée, en quel doigt, et sur quelle phalange. On ramènera toujours la question au problème XIX. On numérotera les personnes de un à neuf; si elles dépassent neuf, on formera un second groupe; de même, on numérotera les deux mains avec un et deux, les doigts avec 1, 2, 3, 4, 5; les phalanges avec 1, 2, 3, et tout reviendra à deviner une suite quelconque de nombres pensés qui ne dépassent pas neuf.

LA FOIRE AUX PAINS D'ÉPICES.

Il y a quelques années, pendant les vacances de Pâques, nous avons rencontré sur la place du Trône, où se tient habituellement la Foire aux pains d'épices, à deux pas de la colonne que surmonte la statue de Philippe-Auguste, — en bronze et non en pierre, quoiqu'en dise la chanson, — un industriel fort original, puisqu'il débitait en plein vent, avec l'autorisation de la Préfecture et sous l'œil vigilant de la police, une petite brochure contenant, disait-il, une nouvelle méthode pour la simplification des calculs. Et pourtant, comme le disait M. Frédéric Passy, à la séance publique annuelle, en 1884, des cinq Académies de l'Institut, à propos des fêtes foraines : « Ce n'est pas le marchand et l'acheteur que l'on y appelle, c'est le curieux et le désœuvré. Le bateleur, la somnambule, le teneur de jeux de hasard et de loteries, le montreur de phénomènes vivants ou morts, et tout le reste des industries inutiles que traîne plus ou moins après elle toute agglomération d'hommes, envahissent la voie publique et y règnent en maîtres. C'est pour elles que l'on vient et pour le personnel féminin qui les accompagne et qui les suit. »

UN CALCULATEUR EN PLEIN VENT.

Mais notre forain faisait exception à la règle commune, car le procédé de son industrie mérite réellement d'entrer dans le domaine de la pratique. Son installation était fort modeste : un escabeau, un chevalet, un tableau noir en carton cuir, une boîte de bâtons de craie, une grande pancarte donnant le boniment, un tiroir plein de prospectus, une sébile contenant la recette en gros sous et deux maigres lampions. C'était le soir, au moment de la cohue. La foule, qui l'entourait, semblait indifférente aux bruyants refrains des orgues de Barbarie, aux grincements des chevaux de bois et des montagnes russes, aux rugissements des fauves dans les ménageries, aux parades des saltimbanques. Elle écoutait religieusement; l'attention était de rigueur, car il s'agissait d'Arithmétique. Chose bien compliquée pour le vulgaire, qui considère Barême comme un grand homme et qui tient toujours Henri Mondeux pour un enfant prodige. « Il calcule comme feu Barême! » dit le père glorieux de son fils, lorsque le bambin a remporté à l'école primaire le premier prix de Mathématiques pures et appliquées.

Donc, pendant que la police veillait aux soustractions, notre forain expliquait au public ébahi les mystères de la multiplication rapide, tout en écoulant ses produits. C'était réellement bien curieux de voir tous ces visages attentifs, étonnés, illuminés par la clarté des lampes électriques d'un théâtre voisin, et qui suivaient avec tant d'intérêt les démonstrations du professeur improvisé. Je m'étais approché du calculateur, afin de me rendre compte de son invention. Il écrivait sur son tableau deux lignes de chiffres pris au hasard ou dictés par le public; puis, rapidement, tout en marmottant quelques paroles confuses, il traçait l'un après l'autre tous les chiffres du produit des deux nombres indiqués, mais sans écrire les produits partiels.

Cette méthode abréviative est connue; on lui donne le nom de *Méthode Richard*, bien qu'on la trouve développée dans le

Livre de l'Abaque (1202) de Léonard de Pise. Nous en donnons ici la théorie.

Nous avons revu dernièrement notre industriel de la foire; il opérait sur la place Saint-Michel, à côté de la fontaine. Il paraît que le commerce de l'Arithmétique ne l'a pas enrichi; il n'en fait plus qu'un jour sur deux. Dans les intervalles, il vend en petites boîtes le poil qui sert d'édredon aux graines de *Siliqua hirsuta, dolichos* et *mucuna pruriens,* que nous appelons Poil à gratter, et que les Danois avec malice appellent *Pica-Pica*.

LA MULTIPLICATION ACCÉLÉRÉE.

Soit à multiplier 46 par 38; le produit de 8 par 6 donne 48, ce qui fait 8 unités, que l'on pose, et il reste 4 dizaines de retenue; les dizaines du produit proviennent encore du produit 32 dizaines de 4 dizaines par 8 unités et du produit 18 dizaines de 3 dizaines par 6 unités; en tout $4 + 32 + 18 = 54$ dizaines; on pose 4 et l'on retient 5 centaines que l'on ajoute au produit 12 centaines de 4 dizaines par 3 dizaines; le produit est donc 1748.

Le tableau des opérations successives est indiqué ainsi :

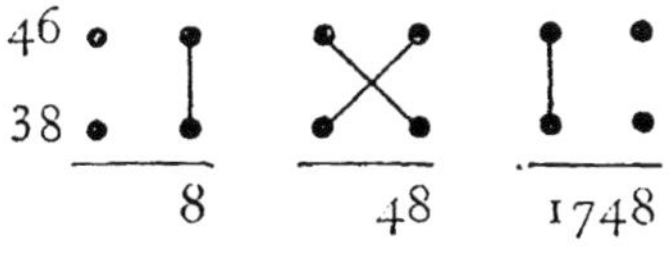

et se prononce ainsi :

48, (je pose) 8, tiens 4;	8
et 32, 36 et 18, 54; (je pose) 4, tiens 5;	48
et 12, 17.	1748

On fera de même la multiplication de deux nombres de trois chiffres, 546 et 738, par le procédé suivant :

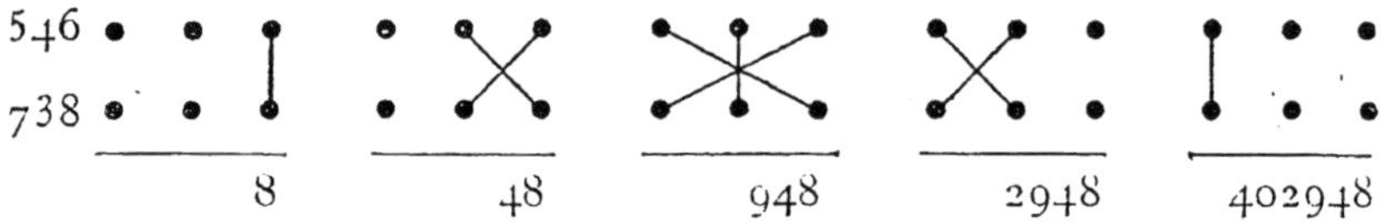

On prononce ainsi les opérations :

48, (je pose) 8, tiens 4;	8
et 32, 36 et 18, 54, (je pose) 4, tiens 5;	48
et 40, 45 et 12, 57, et 42, 99, (je pose) 9, tiens 9;	948
et 15, 24 et 28, 52, (je pose) 2, tiens 5;	2948
et 35, 40.	402948

Pour le produit de deux nombres de quatre chiffres, voici le tableau des opérations successives :

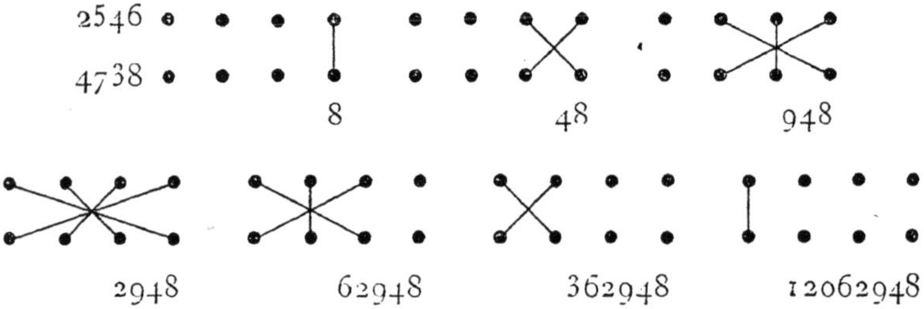

Et ainsi de suite. Lorsque les deux nombres n'ont pas la même quantité de chiffres, on complète le plus petit par des zéros.

LES TABLES DE CRELLE.

Lorsque l'on a beaucoup de multiplications à faire, on se sert de Tables de multiplication contenant les produits de tous les nombres de deux chiffres, jusqu'à cent fois cent, ou mieux encore de Tables contenant les produits des nombres de trois chiffres, jusqu'à mille fois mille. Ces Tables ont été publiées par Crelle, à Berlin; une seconde édition, les *Rechentafeln* ont été éditées par Bremiker. Les premières Tables de ce genre ont été publiées par Herwart de Hohemburg, en 1610, sous le titre de : *Tabulæ arithmeticæ*. Elles contiennent, en mille pages in-folio, les produits des mille premiers nombres.

Pour faire les multiplications, on opère par tranches de trois chiffres; soit, par exemple, à multiplier 102546 par 231417; on trouve, à la page 417 des Tables de Crelle, les produits de 417 par 546 et par 102; on les écrit au-dessous l'un de l'autre, en avançant le second de trois rangs vers la gauche. On trouve ensuite, à la page 231, les produits de 546 et de 102 par 231; on les écrit sous les deux précédents, en les reculant de trois rangs et de six rangs; on fait ensuite le total

546×417		227 682
102×417		42 534 . . .
546×231		126 126 . . .
102×231		23 562 . . . . . .
$102\,546 \times 251\,417$	=	23730 887682

Lorsque les nombres à multiplier ont plus de six chiffres, on considère chaque tranche de trois chiffres comme un seul chiffre, et l'on opère comme à l'ordinaire.

LES TABLES DE TRIPIER.

M. Tripier, avocat à Paris, a publié des Tables pour simplifier la multiplication et la division. Ces Tables contiennent tous les produits partiels pour tous les nombres jusqu'à cinq chiffres; de telle sorte que l'on n'a pas besoin de savoir de mémoire la Table de Pythagore pour faire des multiplications ou divisions; mais on peut se passer de ces Tables. Lorsque l'on a beaucoup de multiplications ou de divisions à effectuer dans lesquelles l'un des facteurs ou le diviseur reste le même, on opère assez rapidement de la manière suivante. Supposons que l'on ait beaucoup de nombres à multiplier ou à diviser par 2463; on forme en colonne tous les produits partiels, en ajoutant successivement 2463 au nombre précédent. La figure suivante contient à gauche les produits de 2463 par 1, 2, 3, ..., 9, 10.

Produits partiels.

1	2463
2	4926
3	7389
4	9852
5	12315
6	14778
7	17241
8	19704
9	22167
10	24630

Multiplication.

	46238 × 2463
8	19704
3	7389.
2	4926..
6	14778...
4	9852....
Produit	113884194

Division.

113884194 : 2463	
9852.........	4
15364	
14778........	6
5861	
4926.......	2
9359	
7389......	3
19704	
19704.....	8
0	Quotient 46238

On a soin de calculer cette colonne par additions successives, et comme *vérification,* on doit trouver à la dixième ligne le premier nombre suivi d'un zéro. Par ce procédé des *produits partiels,* la multiplication se trouve donc réduite à une seule addition, et la division à une suite de soustractions, et sans essais infructueux dans le calcul des chiffres successifs du quotient.

LES RÉGLETTES NÉPÉRIENNES.

Jean Néper, baron de Markinston, en Écosse, a indiqué, en 1617, dans sa *Rhabdologie,* une ingénieuse méthode de calcul pour la multiplication et la division.

Le Tableau chiffré ci-dessous (*fig.* 18) représente la Table de Pythagore coupée en dix bâtons ou planchettes.

La planchette à gauche est fixe; toutes les autres sont mobiles et peuvent être permutées de toutes les façons. Chacun des carrés de la Table est divisé en deux triangles par une diagonale; dans le triangle du bas se trouve le chiffre des unités de chacun des produits, dans celui du haut et à gauche, on trouve le chiffre des dizaines. Supposons que l'on ait placé à côté de la barre fixe les tablettes portant en haut les numéros 7, 5, 8, on obtient presque immédiatement les produits de 758 par tous les nombres de 1 à 9; ainsi, par exemple, devant le 6 de la barre fixe, on trouve horizontalement

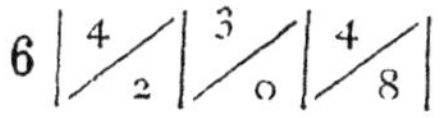

et en faisant l'addition parallèlement à la diagonale des triangles, on a

4548

qui est le produit de 758 par 6. De même pour les autres; donc les réglettes de Néper permettent de trouver rapidement, sans

Fig. 18.

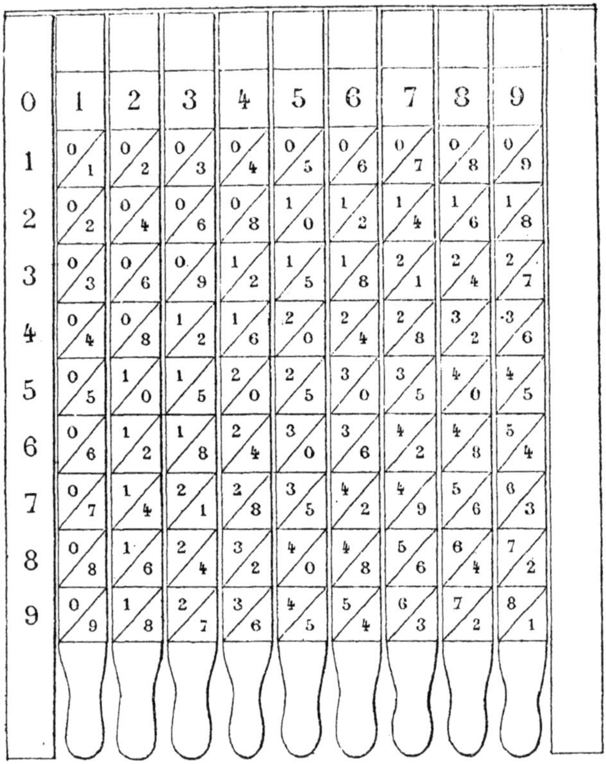

qu'il soit nécessaire de connaître sa Table de Pythagore, mais par une simple addition de deux chiffres, tous les produits partiels par un nombre de dix chiffres et plus. Ainsi la multiplication se trouve ramenée à l'addition; la division, sans tâtonnements, à la soustraction, et ces opérations sont d'autant plus facilitées qu'il s'agit de nombres plus grands.

DIVISION PAR 19, 199, 1999, ...

Pour diviser l'unité suivie d'un nombre quelconque de zéros par 19, c'est-à-dire pour trouver la *mantisse* de $\frac{1}{19}$, il suffit d'écrire après la virgule les deux chiffres 05, puis de prendre continuellement la moitié du chiffre précédent, ou la moitié du précédent augmenté de 10, si la division antérieure donne pour reste 1 ; nous avons indiqué les restes par de petits chiffres placés au-dessus.

$$\frac{1}{19} = 0{,}0.\,5.^{1}2.\,6.\,3.^{1}1.^{1}5.^{1}7.^{1}8.\,9.^{1}4.\,7.^{1}3.^{1}6.\,8.\,4.\,2.\,1.$$

Ainsi, la moitié de 5 est 2, reste 1 ; la moitié de 12 est 6, la moitié de 6 est 3, et ainsi de suite; on trouve ainsi immédiatement les dix-huit chiffres de la période ou de la mantisse.

De même, pour diviser l'unité suivie de zéros par 199, on écrit d'abord 0,00.50. et l'on prend la moitié continuellement, en opérant par groupes de deux chiffres; ainsi

$$\frac{1}{199} = 0{,}00.\,50.\,25.^{1}12.\,56.\,28.\,14.\,07.^{1}03.^{1}$$
$$51.^{1}75.^{1}87.^{1}93.^{1}96.\,98\,\ldots.$$

et en continuant, on peut écrire très rapidement les 99 chiffres de la période; avec un peu d'habitude de calcul mental, on peut les dicter sans travail de mémoire; ce qui paraît surprenant.

De même, pour diviser l'unité suivie de zéros par 1999, on opère comme il suit, par groupes de trois chiffres

$$\frac{1}{1999} = 0,000.\,500.\,250.\,125.{}^{1}062.\,831.{}^{1}265, \ldots$$

et l'on trouve rapidement les 999 chiffres de la période, et ainsi de suite en ajoutant un nombre quelconque de 9 à la droite du diviseur.

DIVISION PAR 29, 299, 2999, ...

Pour diviser l'unité par 29, on prend le tiers de 10 qui est 3, et l'on procède continuellement par tiers, en tenant compte du reste qui peut être 1 ou 2, et que nous avons indiqué au-dessus :

$$\frac{1}{29} = 0,\,0.{}^{1}3.{}^{1}4.{}^{2}4.\,8.{}^{2}2.{}^{1}7.{}^{2}5.{}^{1}8.\,6.\,2.{}^{2}0.{}^{2}6.{}^{2}8.{}^{1}9.\,6, \ldots;$$

la période ayant plus de 14 chiffres en a nécessairement 28, et l'on obtient l'autre moitié par complément à 9, ainsi

$$\frac{1}{29} = 0,0344827586206896551724137931\ldots\ldots$$

De même, pour diviser l'unité par 299, on prend le tiers de 100 et l'on procède continuellement par tiers sur les groupes de deux chiffres :

$$\frac{1}{299} = 0,\ 00.^{1}\ 33.^{1}\ 44.\ 48.\ 16.^{1}\ 05.$$

DIVERSES MANIÈRES D'ÉCRIRE LES NOMBRES 9 ET 100.

Le nombre 9 est, de diverses manières, égal au quotient de deux nombres de cinq chiffres, en supposant tous les chiffres distincts.

En effet, 9 est le quotient des divisions

$$\frac{97524}{10836},\quad \frac{95823}{10647},\quad \frac{95742}{10638},\quad \frac{75249}{08361},\quad \frac{58239}{06471},\quad \frac{57429}{06381}.$$

Le nombre 100 peut être écrit sous forme de nombre fractionnaire avec les neuf chiffres significatifs, tous distincts, des diverses manières suivantes :

$$91\,\frac{5742}{638},\quad 91\,\frac{7524}{836},\quad 91\,\frac{5823}{647},\quad 94\,\frac{1578}{263},$$

$$96\,\frac{2148}{537},\quad 96\,\frac{1428}{357},\quad 96\,\frac{1752}{438}.$$

N ous ignorons s'il existe d'autres solutions de ce genre; il serait assez facile de les trouver toutes ; nous donnerons encore les suivantes qui contiennent le signe +.

$$100 = 97 + \frac{5+3}{8} + \frac{6}{4} + \frac{1}{2}.$$

$$= 75 + 24 + \frac{9}{18} + \frac{3}{6}.$$

Problème XXI. — rouges et noires.

On place sur une même ligne et consécutivement quatre cartes rouges et quatre cartes noires dans l'ordre alterné, rouge et noire, rouge et noire, etc. Il s'agit, en quatre coups, et en profitant de deux places vides, de déplacer chaque fois deux cartes consécutives, sans changer leur ordre, et de les replacer de manière à réunir les cartes rouges et les cartes noires.

Premier coup. — En plaçant le roi de pique et le roi de carreau sur les cases vides, on obtient la disposition

Deuxième coup. — On place la dame de cœur et la dame de pique sur les cases vides, et l'on a la disposition

Troisième coup. — On place le roi et la dame de carreau sur les cases vides, et l'on a la disposition

Quatrième coup. — On place la dame de pique et le roi de trèfle sur les cases vides et les cartes noires se trouvent rassemblées, ainsi que les cartes rouges.

Inversement, on peut passer de la dernière disposition à la première en quatre coups.

Dans une lecture à la Société Royale des Sciences d'Édimbourg, sur la *Topologie* de Listing, l'éminent professeur M. Tait s'est occupé incidemment de cet amusant problème que l'on peut encore réaliser avec des jetons de deux couleurs et, par exemple, avec les pions du jeu de dames. « Il y a quelques semaines, dit-il, j'ai vu proposer, pendant un voyage en chemin de fer, le problème suivant : on place sur une seule rangée quatre souverains et quatre shillings dans un ordre alterné; on demande de former une ligne continue des quatre souverains suivis des quatre shillings, après quatre mouvements de deux pièces contiguës, sans changer la position relative de ces pièces ([1]). »

M. Tait a donné la solution que nous venons d'exposer en faisant observer, en outre, que la solution peut être retenue facilement. En effet, si, à l'origine, on suppose les pièces disposées en circonférence, avec deux cases vides, il suffit de déplacer à chaque coup les deux pièces ou les deux cartes qui précèdent les cases vides de deux et de trois rangs.

Ce curieux problème, assez difficile, peut être généralisé et appliqué à un nombre quelconque de cartes rouges et à un nombre égal de cartes noires, en ajoutant cette condition que le nombre des coups, ou des couples de cartes déplacées doit toujours être égal au nombre des cartes d'une même couleur. Le lecteur se rendra compte de la difficulté en cherchant le problème pour dix, douze cartes ou pour un plus grand nombre, avant d'avoir consulté et réalisé les élégantes solutions que nous allons exposer, et qui ont été imaginées par M. Delannoy, ancien élève de l'École Polytechnique, intendant militaire à Orléans.

([1]) *Introductory address to the Edinburgh mathematical Society*; 9 novembre 1885 (*Philosophical Magazine*, janvier 1884).

Problème XXII.

On place sur une même ligne et consécutivement cinq cartes rouges et cinq cartes noires dans l'ordre alterné. Il s'agit, en cinq coups, et en profitant de deux places vides, de déplacer chaque fois deux cartes consécutives, sans changer leur ordre, et de les replacer de manière à réunir les cartes rouges et les cartes noires.

Premier coup. — On place le valet de pique et le dix de carreau sur les cases vides et l'on a la disposition

Deuxième coup. — On place le roi de carreau et le roi de pique sur les cases vides et l'on a la disposition

Troisième coup. — On place la dame de pique et le valet de carreau sur les cases vides et l'on a la disposition

Quatrième coup. — On place le dix de carreau et l'as de carreau sur les cases vides et l'on a la disposition

Cinquième coup. — On place le roi de pique et le dix de pique sur les cases vides et les cartes noires se trouvent rassemblées ainsi que les cartes rouges.

Problème XXIII.

On place sur une même ligne et consécutivement six cartes rouges et six cartes noires dans l'ordre alterné. Il s'agit, en six coups, et en profitant de deux places vides, de déplacer chaque fois deux cartes consécutives, sans changer leur ordre, et de les replacer de manière à réunir les cartes rouges et les cartes noires.

Premier coup. — On place le neuf de trèfle et le dix de cœur sur les cases vides et l'on a

Deuxième coup. — On place le huit de cœur et le huit de trèfle sur les cases vides et l'on a

Troisième coup. — On place le huit de pique et le neuf de carreau sur les cases vides et l'on a

Quatrième coup. — On place le dix de pique et le huit de pique sur les cases vides et l'on a

Cinquième coup. — On place le dix de cœur et le huit de carreau sur les cases vides et l'on a

Sixième coup. — On place le dix de trèfle et le huit de trèfle sur les cases vides et le problème est résolu.

Problème XXIV.

On place sur une même ligne et consécutivement sept cartes rouges et sept cartes noires dans l'ordre alterné. Il s'agit, en sept coups, et en profitant de deux places vides, de déplacer chaque fois deux cartes consécutives, sans changer leur ordre, et de les replacer de manière à réunir les cartes rouges et les cartes noires.

Premier coup. — On place le neuf de trèfle et le dix de cœur sur les cases vides et l'on a

Deuxième coup. — On place le neuf de carreau et le neuf de pique sur les cases vides et l'on a

Troisième coup. — On place le dix de pique et le huit de cœur sur les cases vides et l'on a

Quatrième coup. — On place le huit de carreau et le huit de pique sur les cases vides et l'on a

Cinquième coup. — On place le huit de pique et le huit de trèfle sur les cases vides et l'on a

Sixième coup. — On place le dix de cœur et le sept de carreau sur les cases vides et l'on a

Septième coup. — On place le neuf de pique et le dix de trèfle sur les cases vides et le problème est résolu.

MÉTHODE GÉNÉRALE.

Nous donnerons maintenant la méthode ingénieuse de M. Delannoy, pour un nombre quelconque de cartes ou de pions de deux couleurs, en égal nombre. Nous supposerons, dès le commencement, les pions alignés dans l'ordre blanc, noir, blanc, noir, etc., et précédés de deux cases vides; nous distinguerons quatre cas A, B, C, D (*fig.* 19, 20, 21 et 22) qui correspondent à quatre solutions différentes.

Fig. 19.

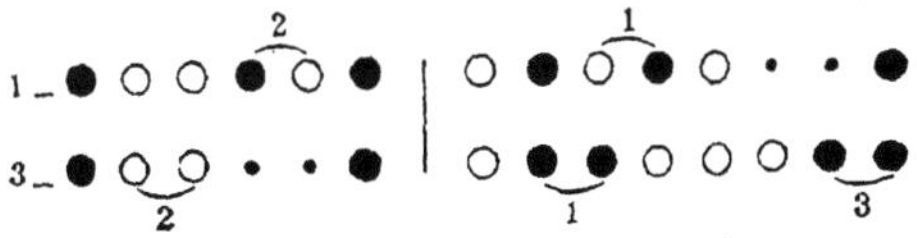

A. — Six pions de même couleur.

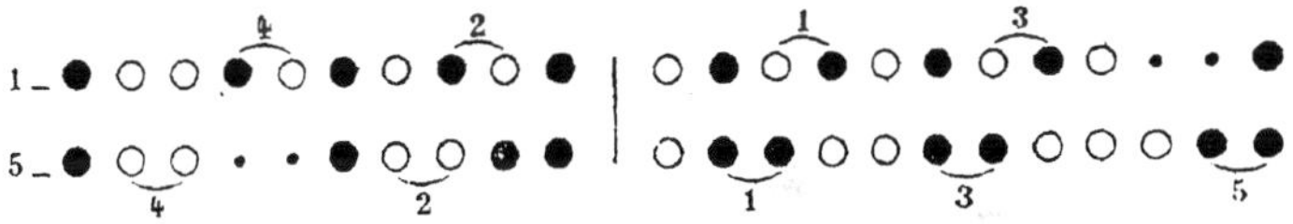

A. — Dix pions de même couleur.

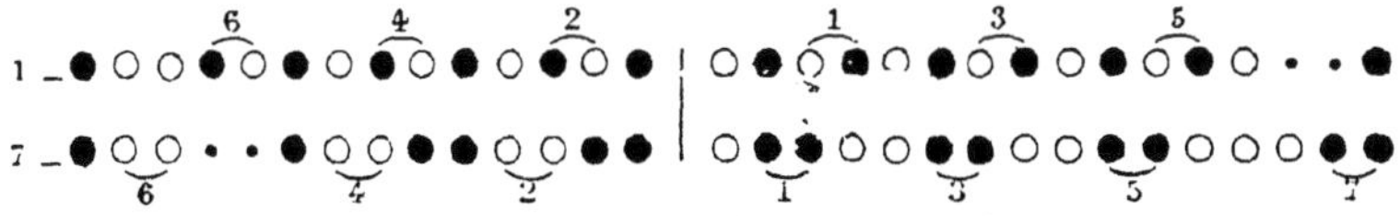

A. — Quatorze pions de même couleur.

Dans les deux premiers cas, A et B, le nombre des jetons de la même couleur est pair; dans les deux derniers cas, C et D, le nombre des jetons de la même couleur est impair.

Premier et deuxième cas. — *Le nombre des jetons de même couleur est un nombre pair.* — La solution comprend deux phases distinctes d'un nombre égal de coups; dans la première phase, on transporte des couples de jetons de deux couleurs, et dans la seconde phase, on déplace des couples de jetons de même couleur.

On commence par jouer un premier coup en plaçant sur les

Fig. 20.

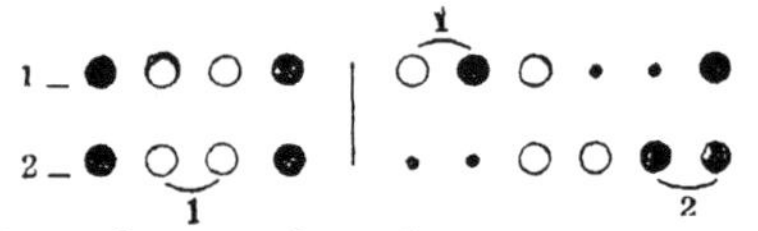

B. — Quatre pions de même couleur.

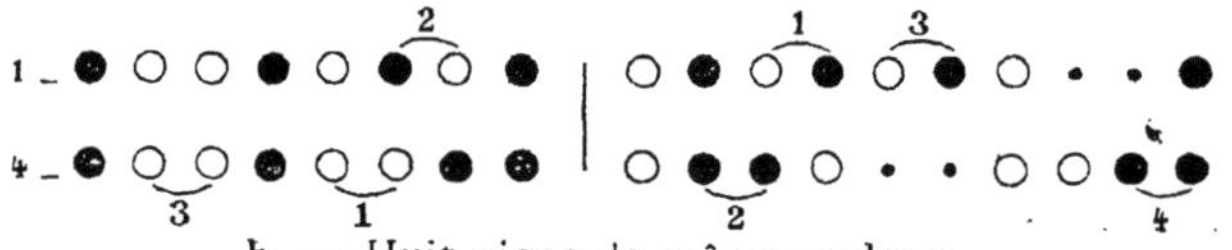

b. — Huit pions de même couleur.

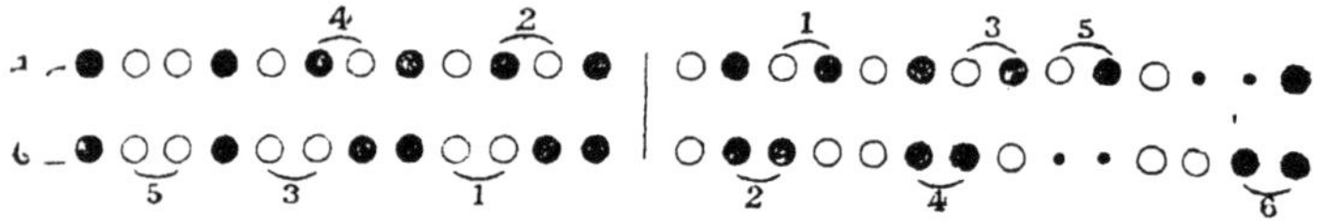

B. — Douze pions de même couleur.

deux cases vides du commencement l'avant-dernier pion et celui qui le précède, et l'on sépare par un trait la première moitié des pions. La position occupée après ce premier coup est figurée sur la première ligne pour les cas A et B. Puis, dans la première phase, on déplace successivement dans l'ordre numérique les couples alternés désignés par les chiffres supérieurs 1, 2, 3, ...

Quand cette première phase est terminée, on obtient la seconde ligne, et le chiffre qui la précède indique le nombre des coups qui ont été joués; on déplace ensuite les couples de même couleur de cette ligne qui sont désignés par les chiffres inférieurs, et le problème est résolu. Le procédé s'applique en augmentant de quatre le nombre des jetons de la même couleur, en faisant bien attention au numérotage des couples.

Troisième et quatrième cas. — *Le nombre des jetons de même couleur est un nombre impair.* — On commence par

Fig. 21.

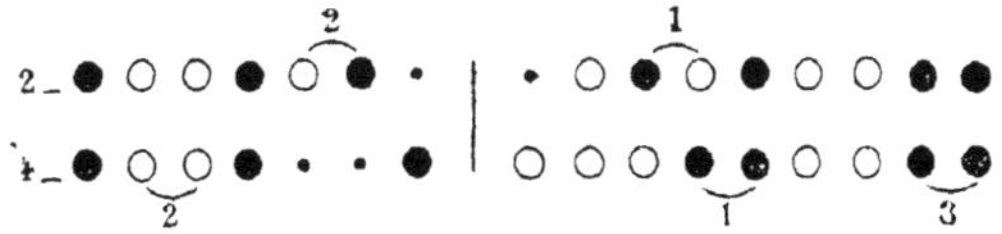

C. — Sept pions de même couleur.

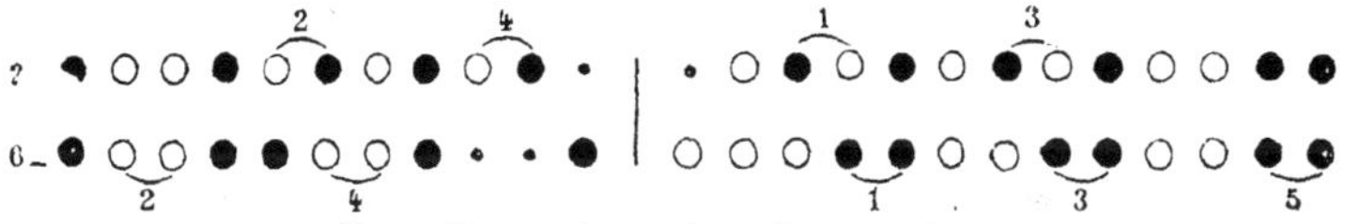

C. — Onze pions de même couleur.

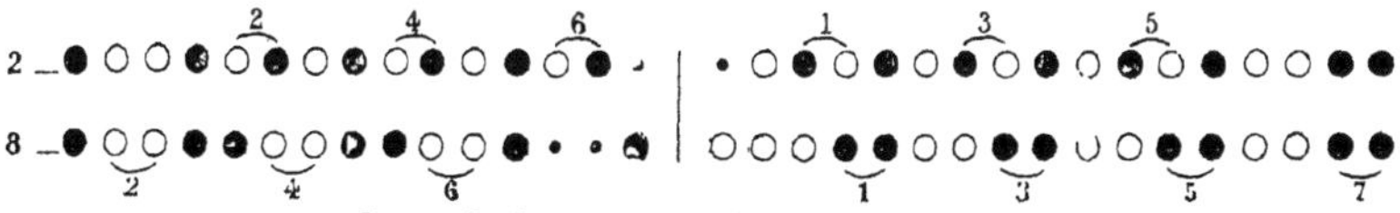

C. — Quinze pions de même couleur.

jouer le premier coup, comme dans les deux cas précédents; la solution comprend ensuite deux phases d'un nombre égal de coups; on sépare par un trait la première moitié des pions et l'on transporte le couple alterné situé de part et d'autre de la ligne médiane. Nous avons figuré, pour les cas C et D, la position des jetons après ce deuxième coup, par la ligne supérieure 2. Puis, dans la première phase, on déplace successivement dans l'ordre numérique les couples alternés désignés par les chiffres supérieurs 1, 2, 3, ...

Quand cette première phase est terminée, on obtient la seconde

Fig. 22.

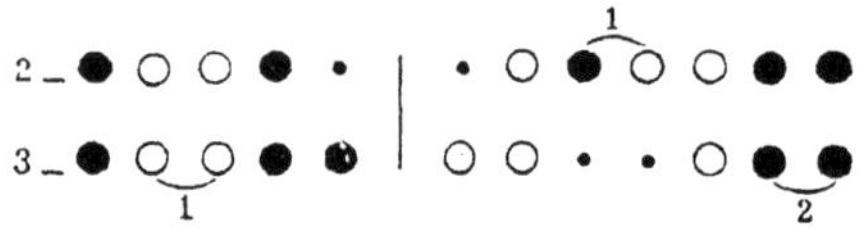

D. — Cinq pions de même couleur.

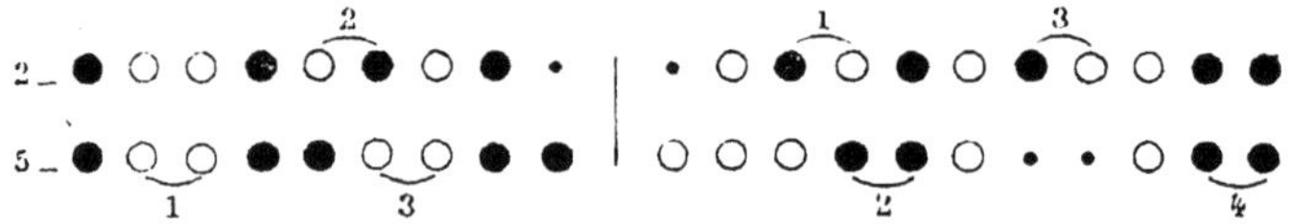

D. — Neuf pions de même couleur.

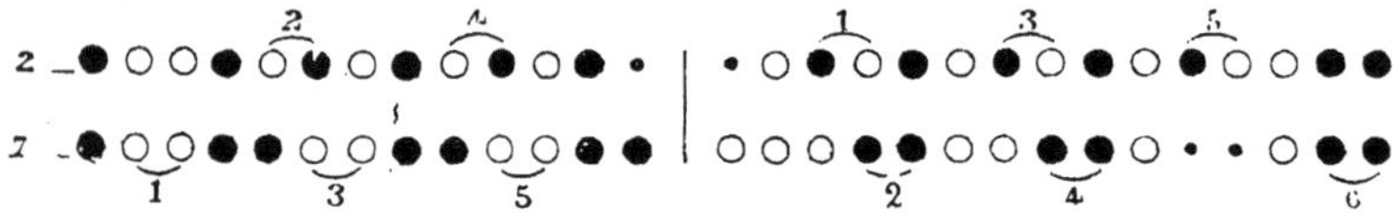

D. — Treize pions de même couleur.

ligne de la figure, et le chiffre qui la précède indique encore le nombre des coups qui ont été joués. Dans la seconde phase, on transporte les couples de même couleur de cette seconde ligne, et qui sont désignés par les chiffres inférieurs.

Le procédé est général et s'applique dans chaque cas, en augmentant de 4, 8, 12, 16, ... pions; mais il est important, pour ne pas se tromper, de bien faire attention au numérotage des couples de la première ligne.

Remarque. — En procédant dans l'ordre inverse, on remplace l'ordre final par l'ordre alterné initial.

ROUGES ET NOIRES, AVEC INTERVERSION.

Problème XXV.

On place sur une même ligne et consécutivement quatre cartes rouges et quatre cartes noires dans l'ordre alterné, rouge et noire, rouge et noire, etc. Il s'agit, en cinq coups, et en profitant de deux cases vides, de déplacer chaque fois deux cartes consécutives, d'intervertir leur ordre et de les replacer sur les cases vides de manière à réunir les cartes rouges et les cartes noires.

On a, dès le début,

Premier coup. — On place, en les intervertissant, le roi de pique et le roi de carreau sur les cases vides et l'on a

Deuxième coup. — On place, en les intervertissant, la dame de trèfle et la dame de carreau sur les cases vides, et l'on a

Troisième coup. — On place, en les intervertissant, le roi de pique et la dame de cœur sur les cases vides et l'on a

Quatrième coup. — On place, en les intervertissant, le roi de cœur et la dame de carreau sur les cases vides et l'on a

Cinquième coup. — On rapproche les deux dernières cartes des précédentes en intervertissant leur ordre.

Problème XXVI.

On place sur une même ligne et consécutivement cinq cartes rouges et cinq cartes noires dans l'ordre alterné, rouge et noire, rouge et noire, etc. Il s'agit, en six coups, et en profitant de deux cases vides, de déplacer chaque fois deux cartes consécutives, d'intervertir leur ordre, et de les replacer sur les cases vides de manière à réunir les cartes rouges et les cartes noires.

On a, dès le début,

Premier coup. — On place, en les intervertissant, le dix de pique et l'as de carreau sur les cases vides et l'on a

Deuxième coup. — On place, en les intervertissant, le dix de pique et la dame de carreau sur les cases vides et l'on a

Troisième coup. — On place, en les intervertissant, le roi de pique et le roi de carreau sur les cases vides et l'on a

Quatrième coup. — On place, en les intervertissant, le roi de pique et l'as de pique sur les cases vides et l'on a

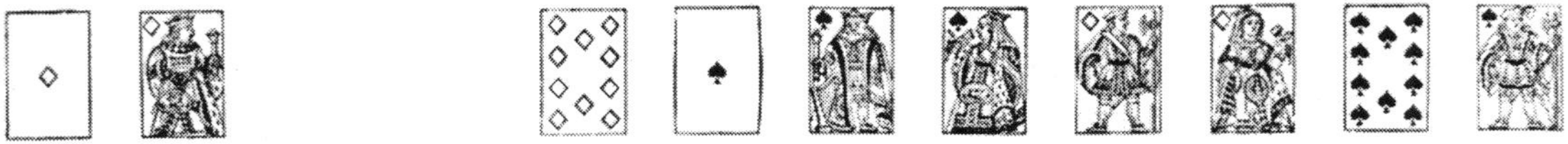

Cinquième coup. — On place, en les intervertissant, le valet de carreau et la dame de carreau sur les cases vides et l'on a

Sixième coup. — On rapproche les deux dernières cartes des précédentes, en intervertissant leur ordre.

Problème XXVII.

On place sur une même ligne et consécutivement six cartes rouges et six cartes noires dans l'ordre alterné, rouge et noire, rouge et noire, etc. Il s'agit, en sept coups, et en profitant de deux cases vides, de déplacer chaque fois deux cartes consécutives, d'intervertir leur ordre, et de les replacer sur les cases vides de manière à réunir les cartes rouges et les cartes noires.

On a, dès le début,

Premier coup. — On place, en les intervertissant, le neuf de trèfle et le dix de cœur sur les cases vides et l'on a

Deuxième coup. — On place, en les intervertissant, le neuf de pique et le dix de carreau sur les cases vides et l'on a

Troisième coup. — On place, en les intervertissant, le neuf de trèfle et le huit de carreau sur les cases vides et l'on a

Quatrième coup. — On place, en les intervertissant, le dix de pique et le huit de cœur sur les cases vides et l'on a

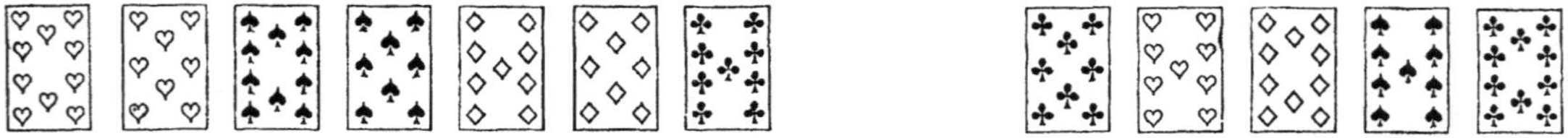

Cinquième coup. — On place, en les intervertissant, le dix de pique et le huit de pique sur les cases vides et l'on a

Sixième coup. — On place, en les intervertissant, le neuf de cœur et le dix de carreau sur les cases vides et l'on a

Septième coup. — On rapproche les deux dernières cartes des précédentes en intervertissant leur ordre.

Problème XXVIII.

On place sur une même ligne et consécutivement sept cartes rouges et sept cartes noires dans l'ordre alterné, rouge et noire, rouge et noire, etc. Il s'agit, en huit coups, et en profitant de deux cases vides, de déplacer chaque fois deux cartes consécutives, d'intervertir leur ordre, et de les replacer sur les cases vides de manière à réunir les cartes rouges et les cartes noires.

Premier coup. — On place, en les intervertissant, le neuf de trèfle et le dix de cœur sur les cases vides et l'on a

Deuxième coup. — On place, en les intervertissant, le neuf de trèfle et le sept de carreau sur les cases vides et l'on a

Troisième coup. — On place, en les intervertissant, le dix de pique et le huit de cœur sur les cases vides et l'on a

Quatrième coup. — On place, en les intervertissant, le huit de pique et le neuf de carreau sur les cases vides et l'on a

Cinquième coup. — On place, en les intervertissant, le dix de carreau et le neuf de carreau sur les cases vides et l'on a

Sixième coup. — On place, en les intervertissant, le dix de pique et le sept de pique sur les cases vides et l'on a

Septième coup. — On place, en les intervertissant, le neuf de cœur et le sept de carreau sur les cases vides et l'on a

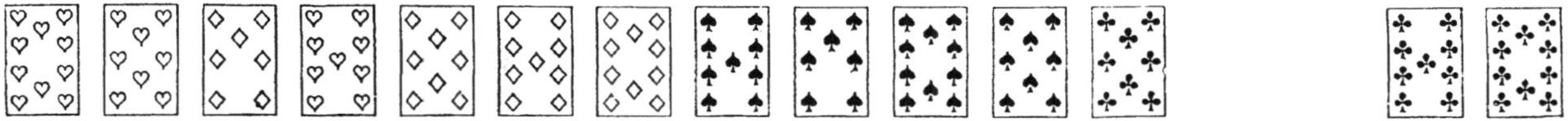

Huitième coup. — On rapproche les deux dernières cartes des précédentes en intervertissant leur ordre.

MÉTHODE GÉNÉRALE.

Quand on renverse à chaque coup l'ordre des deux pions déplacés, il y a encore lieu de distinguer quatre cas, que nous appellerons A′, B′, C′, D′, et qui sont représentés dans le Tableau ci-après (*fig.* 23).

Pour C′ et D′, le premier coup se joue comme celui de A et B.

Pour A′ et B′, les deux premiers coups sont les mêmes que pour C et D.

On obtient la deuxième ligne en déplaçant les couples dans l'ordre indiqué par les chiffres placés au-dessus de la première. Cette phase terminée, il ne reste plus qu'à déplacer les couples de même couleur de la deuxième ligne.

Les pions se trouvent ainsi séparés après un nombre de coups égal au nombre des jetons d'une couleur. Mais les deux cases vides sont alors celles qui précèdent les deux dernières. Si l'on veut que la ligne des pions soit continue, il faut déplacer les deux derniers pions, ce qui exige un coup de plus.

Fig. 23.

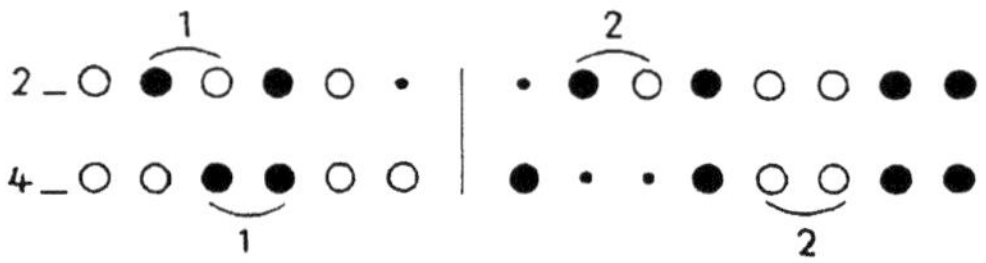

A′. — Six pions de même couleur.

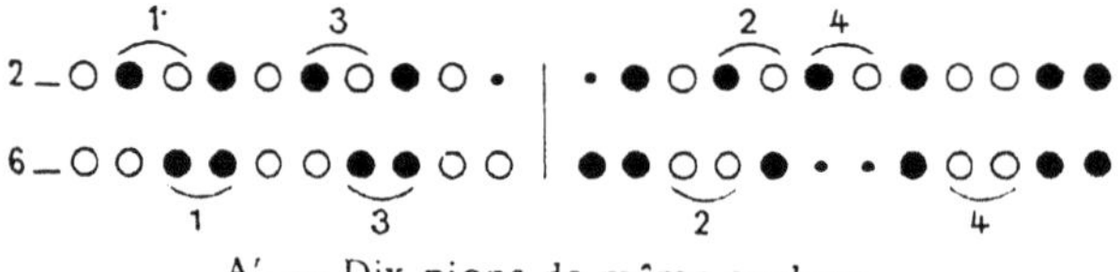

A′. — Dix pions de même couleur.

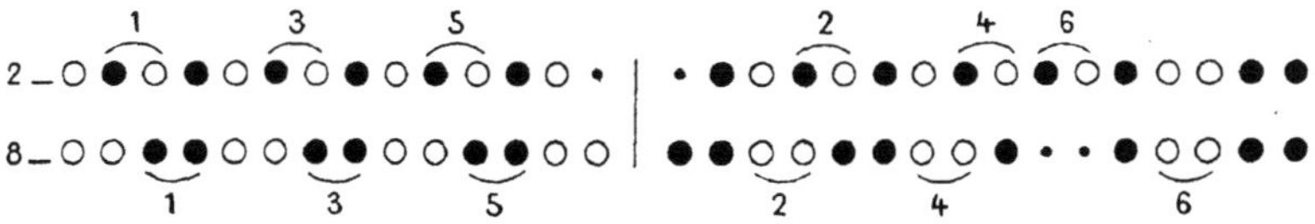

A′. — Quatorze pions de même couleur.

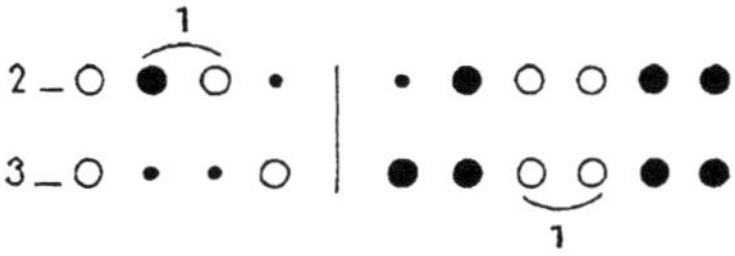

B′. — Quatre pions de même couleur.

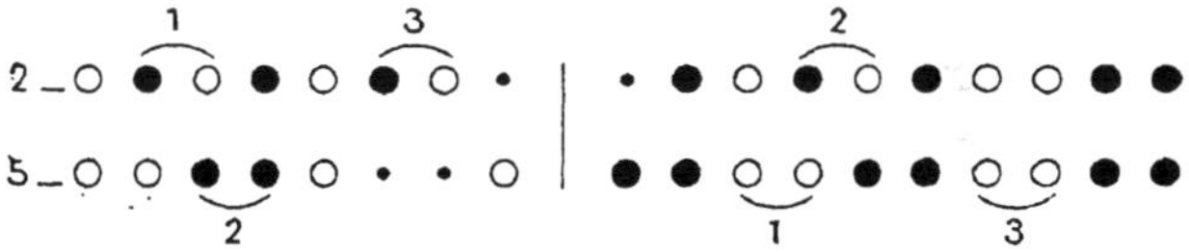

B′. — Huit pions de même couleur.

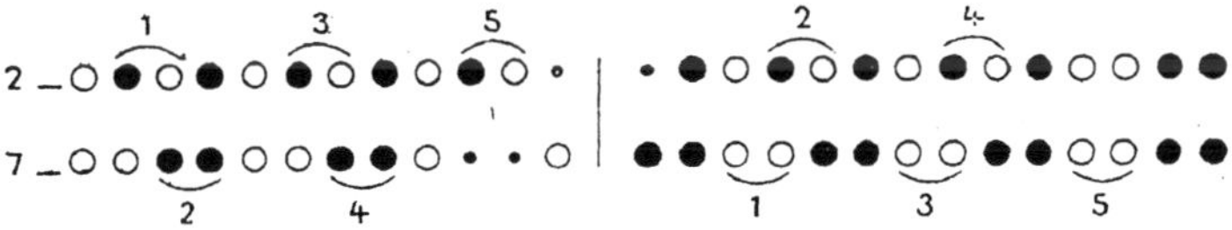

B′. — Douze pions de même couleur.

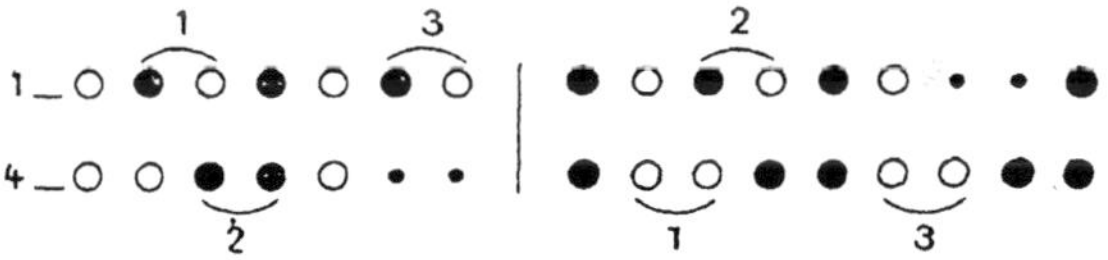

C′. — Sept pions de même couleur.

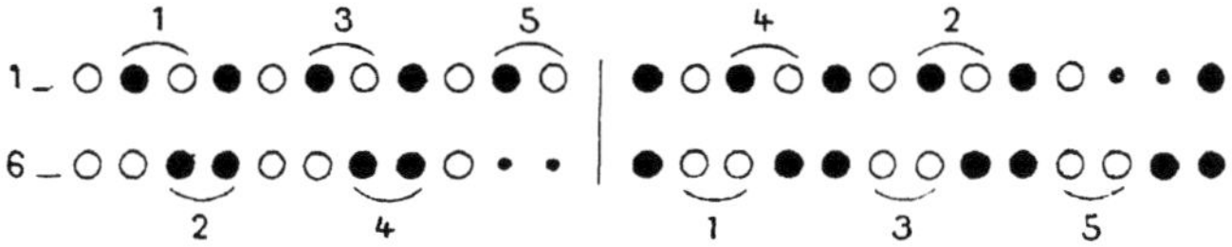

C′. — Onze pions de même couleur.

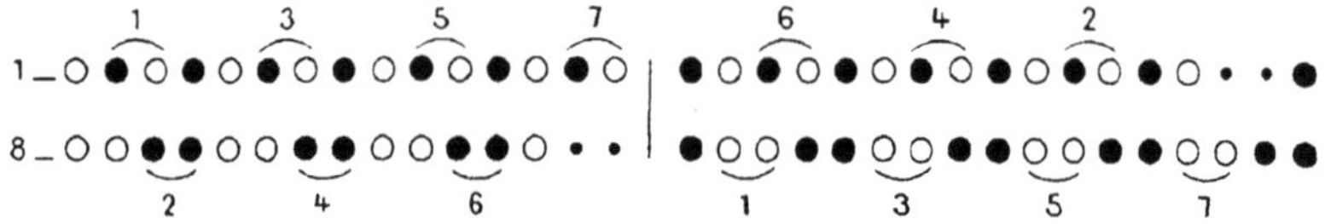

C'. — Quinze pions de même couleur.

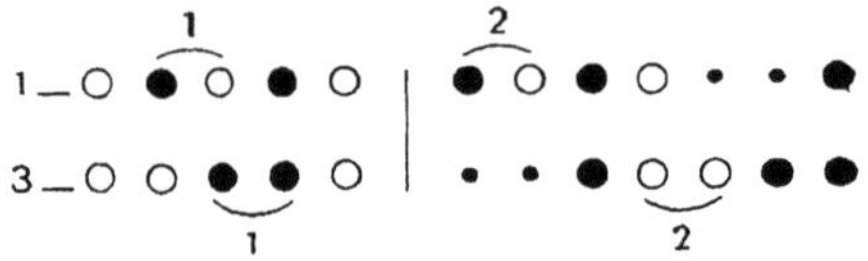

D'. — Cinq pions de même couleur.

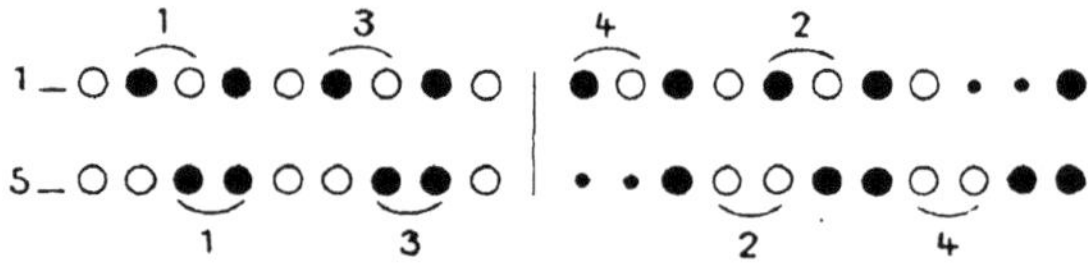

D'. — Neuf pions de même couleur.

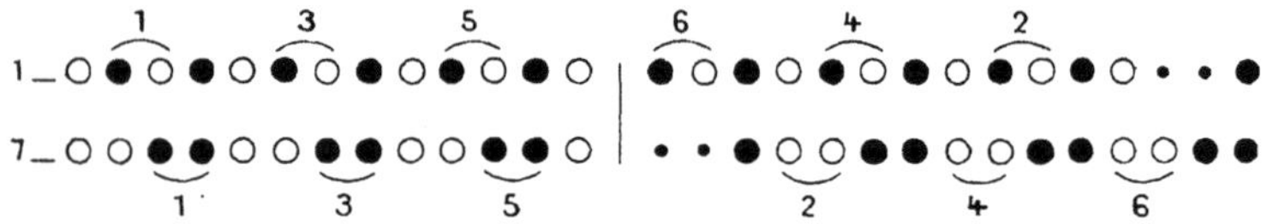

D'. — Treize pions de même couleur.

CHAPITRE TROISIÈME.

—

LES PROGRESSIONS ARITHMÉTIQUES.

Problème XXIX.

Calculer, sans faire d'addition, le nombre des points contenus dans les cartes d'une même couleur d'un jeu de whist, de l'as jusqu'au dix, sans compter le roi, la dame et le valet?

En d'autres termes, il s'agit de calculer, sans faire l'addition, la somme des dix premiers nombres, puisque l'on compte l'as pour un.

Plaçons les dix cartes de cœur dans l'ordre croissant de un à dix, et plaçons au-dessous les dix cartes de trèfle, dans l'ordre décroissant de dix à un.

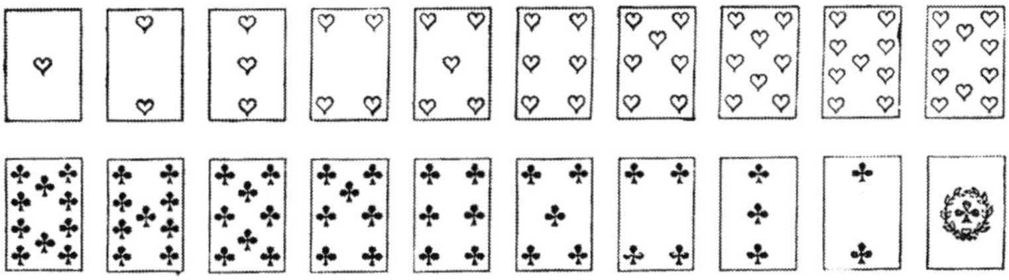

Si nous ajoutons les points contenus dans une carte de la première ligne, en cœur, avec ceux qui sont contenus dans la carte en trèfle placée au-dessous, nous trouvons toujours *onze;* mais, de cette façon, puisqu'il y a dix colonnes, le nombre total des points contenus dans les deux lignes est dix fois onze; par conséquent, puisque chaque ligne contient évidemment le même nombre de points, la somme de tous les points d'une ligne est la moitié de dix fois onze, ou cinq fois onze, c'est-à-dire cinquante-cinq.

Le procédé de démonstration que nous venons d'indiquer permet de trouver aussi facilement, sans faire d'addition, la somme de tous les nombres entiers jusqu'à un nombre donné. Par exemple, la somme de tous les nombres renfermés dans les 90 boules du jeu de loto est la moitié du produit de la multiplication de 90 par le nombre suivant 91, ou 4095.

Problème XXX. — La course des œufs.

Il y a un panier et cent pommes rangées en ligne droite, et éloignées partout d'un mètre l'une de l'autre. On demande quel serait le chemin parcouru par celui qui entreprendrait de cueillir ces pommes les unes après les autres et de les rapporter dans le panier qui resterait toujours à la place de la première pomme?

A cause de l'aller et du retour, le nombre de mètres à parcourir est le double de la somme des cent premiers nombres, c'est-à-dire cent fois 101 ou 10100 mètres; ou un peu plus de 10 kilomètres.

Pendant la belle saison, sur les plages de la Manche et de l'Océan, on remplace les pommes par des œufs qu'il ne faut pas casser: c'est la *Course des œufs*.

Problème XXXI. — LES QUATRE CENTS COUPS.

Combien une horloge sonne-t-elle de coups en un jour?

Le nombre des coups sonnés aux heures est en douze heures la moitié de douze fois treize; c'est ainsi que l'on trouve *six fois treize dans douze*, ou 78; donc, dans un jour, il faut doubler, ce qui fait 156 coups.

Si l'horloge sonne les quarts, il faut ajouter un au premier quart, deux à la demie, trois aux trois quarts, et quatre à chaque heure; en tout dix coups par heure; il faut donc ajouter 240 au nombre précédent, ce qui fait 396 coups. On prouve ainsi qu'une horloge ne fait pas tout à fait par jour les *quatre cents coups*, à moins qu'elle ne soit détraquée.

Problème XXXII.

Deviner combien il y a de points dans une carte tirée secrètement d'un jeu, en regardant une fois seulement chacune des autres cartes?

Supposons que l'on prenne un jeu de trente-deux cartes formé des quatre couleurs, depuis l'as jusqu'au huit; la somme des points de toutes les cartes est le quadruple de quatre fois neuf, c'est-à-dire seize fois neuf. On donne à tirer secrètement une carte à une personne; on ajoute alors successivement les points de toutes les cartes qui restent, en retranchant neuf, toutes les fois qu'on arrive à un total égal à neuf ou plus grand que neuf. Finalement, on ôte la dernière somme ou le dernier reste du nombre neuf; ce qui restera sera le nombre des points de la carte tirée.

On profitera de cet amusement pour montrer aux enfants que le reste de la division d'un nombre par neuf est le même que le reste de la division par neuf de la somme de ses chiffres. Le problème précédent revient d'ailleurs à la preuve par neuf de l'addition et de la soustraction.

Si l'on se sert d'un jeu de piquet à trente-deux cartes ([1]), et si l'on compte l'as pour un et les figures pour 10, on peut recommencer le même divertissement, mais, au lieu d'ôter continuellement neuf, il faut ôter dix autant de fois que l'on peut, en ne conservant que le chiffre des unités. Finalement, on retranchera la dernière somme ou le dernier reste du nombre dix; ce qui restera sera le nombre des points de la carte tirée. Si la dernière somme est dix, le nombre des points de la carte sera dix aussi.

Si le jeu se compose des cinquante-deux cartes du whist, et si l'on compte l'as pour un, le valet pour onze, la dame pour douze

([1]) Sous Louis XIII on jouait au piquet avec trente-six cartes; et il en était encore de même sous Louis XIV, comme le prouve une scène des *Fâcheux*, de Molière.

et le roi pour treize, la somme de tous les points vaut vingt-huit fois treize; par conséquent, on ôtera continuellement treize de la somme des points de toutes les cartes restantes, et l'on retranchera la dernière somme ou le dernier reste de treize.

Problème XXXIII. — le vol des grues.

Les grues voyagent disposées régulièrement en triangles; comment déterminer le nombre de ces oiseaux lorsque l'on connaît le nombre des files?

Fig. 24.

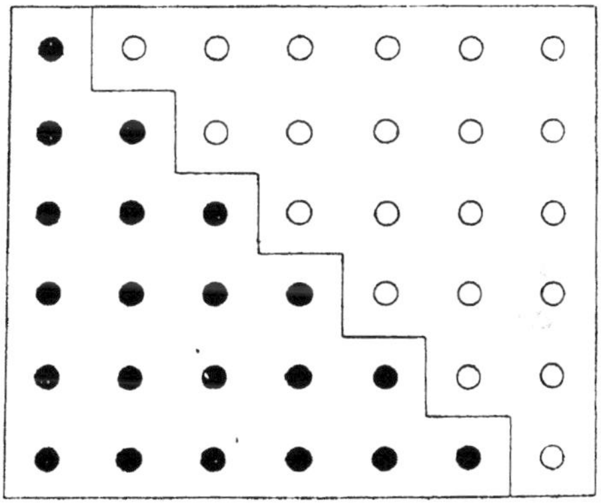

Pour fixer les idées, supposons qu'il y ait six files de grues représentées par des pions noirs (*fig.* 24); cela revient encore à trouver la somme des six premiers nombres. Représentons par des pions blancs mis à la droite les nombres dans l'ordre inverse.

On voit tout de suite que chaque ligne horizontale contient six unités plus une, et puisqu'il y a six lignes, le nombre des unités du tableau est six fois sept; donc le nombre cherché est trois fois sept ou 21. Donc, ainsi que nous l'avons déjà démontré avec les cartes, pour obtenir la somme de tous les nombres, à partir de l'unité jusqu'à un nombre donné, il suffit de prendre la moitié du produit de la multiplication de ce nombre par le suivant.

Ce mode de raisonnement a son analogue dans les éléments de Géométrie, lorsqu'on démontre que l'aire ou la superficie d'un triangle est la moitié de celle du parallélogramme de même base et de même hauteur. Et d'ailleurs, si l'on y réfléchit attentivement, le théorème arithmétique et le théorème géométrique n'en font qu'un. C'est qu'en effet les vérités de l'ordre mathématique sont beaucoup moins nombreuses qu'on le croit généralement; et souvent deux vérités qui paraissent distinctes dès l'abord sont les mêmes, et ne diffèrent, pour ainsi dire, que par le vêtement qui les couvre.

On appelle *nombres triangulaires* les nombres que nous venons d'apprendre à calculer, et qui représentent toutes collections d'objets disposés régulièrement en triangles; c'est, par exemple, le nombre des projectiles contenus dans la tranche horizontale d'une pile triangulaire de boulets ou dans la tranche verticale d'une pile prismatique d'obus. La théorie de ces nombres a pris naissance, sur les bords du Nil, à une époque reculée ; elle a été développée par DIOPHANTE, le père de l'Arithmétique, à l'école d'Alexandrie. Comme nous venons de le faire remarquer, il est probable que la connaissance de ces nombres provient de l'observation du vol des oiseaux, et notamment du passage des grues et des cigognes, des flamants et des ibis, qui volent éparpillés en triangles. Quoi qu'il en soit de l'origine de ce calcul, je me suis laissé dire que c'est à l'observation des mœurs de ces oiseaux au long bec que les prêtres égyptiens doivent la connaissance de ce précieux et ridicule instrument médicinal, de forme cylindrique, dont on trouve la description et le mode de fonctionnement dans les comédies de Molière.

On appelle *progression arithmétique* une suite de nombres tels que chacun d'eux est égal au précédent augmenté d'un nombre constant que l'on appelle la *raison* de la progression ; ainsi les nombres impairs 1, 3, 5, 7, 9, ..., forment, à partir de l'un quelconque d'entre eux, une progression arithmétique de raison 2.

On démontre comme précédemment que la somme des termes d'une progression est la moitié du produit de la multiplication du nombre des termes par la somme des termes extrêmes. De même, on démontre en Géométrie que l'aire du trapèze est la moitié de celle du parallélogramme de même hauteur et dont la base est égale à la somme des deux bases du trapèze.

Si l'on observe encore que la différence de deux termes quelconques de la progression est égale au produit de la raison par la différence des nombres qui expriment les rangs qu'ils occupent, on saura tout le fondement de la théorie des progressions arithmétiques.

PROBLÈME XXXIV. — LE CARRÉ DE CHOUX.

Fig. 25.

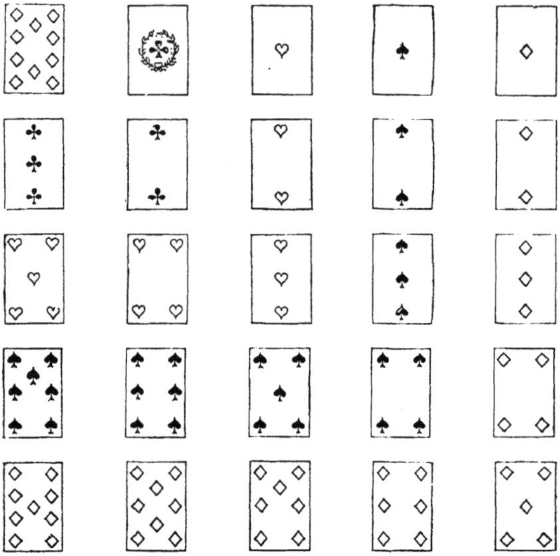

La figure ci-dessus (*fig.* 25) représente un carré de choux. Pour avoir le nombre des choux renfermés dans le carré, il suffit de multiplier par lui-même le nombre de choux placés sur l'un des côtés. On voit que la différence de choux dans un carré et le suivant est représentée successivement par les trois trèfles, les cinq cœurs, les sept piques et les neuf carreaux, c'est-à-dire par les nombres impairs

$$1,\ 3,\ 5,\ 7,\ 9,$$

et l'on se convainc facilement que, d'une enceinte à la suivante, le nombre des choux augmente de deux unités. Par conséquent, on obtient immédiatement cette proposition : La somme des premiers nombres impairs, à partir de 1, est le carré de leur nombre, et ainsi, par exemple, la somme des cent premiers nombres impairs de 1 à 199 est cent fois cent ou 10000.

PROBLÈME XXXV. — LE BAL DES CRAPAUDS ET DES GRENOUILLES.

Des crapauds noirs et tristes suivent mélancoliquement, à la queue leuleu, bien qu'ils n'aient pas de queue, mais l'un derrière l'autre, le fond d'un ravin; en sens opposé, viennent, en nombre égal, des grenouilles vertes et roses qui arrivent en sautillant l'une derrière l'autre et s'arrêtent devant les crapauds, non pas nez à nez, mais en laissant une petite place vide. Il s'agit de faire passer les crapauds à la place des grenouilles, en profitant de la place vide, sans que les crapauds ou les grenouilles puissent reculer. Les crapauds (ou les grenouilles) ne peuvent faire, à chaque déplacement, qu'un seul pas en avant, ou sauter au-dessus d'une seule grenouille (ou d'un seul crapaud)?

EN AVANT DEUX.

Nous supposerons d'abord qu'il n'y ait que deux grenouilles et deux crapauds; on a donc, en représentant les crapauds par des rois noirs et les grenouilles par des dames rouges, la disposition initiale figurée ci-dessous.

Nous figurerons ainsi les quatre premiers déplacements, ceux des crapauds se font dans le sens →, de gauche à droite, et ceux des grenouilles se font dans le sens ←, de droite à gauche.

CRAPAUDS. GRENOUILLES.

Un pas.

Un saut.

Un pas.

Un saut.

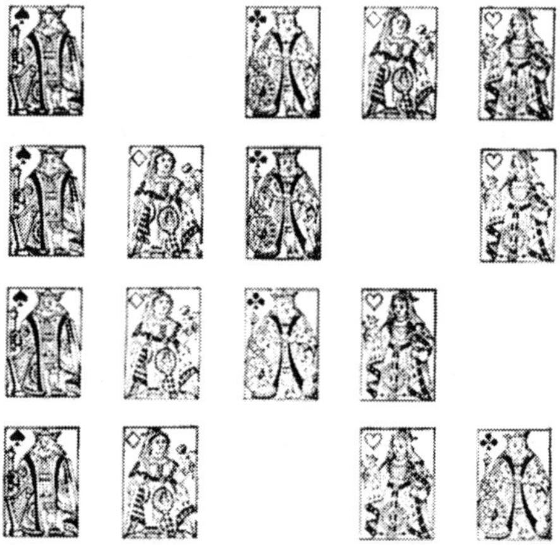

Les quatre déplacements suivants sont les symétriques des premiers.

Un saut.

Un pas.

Un saut.

Un pas.

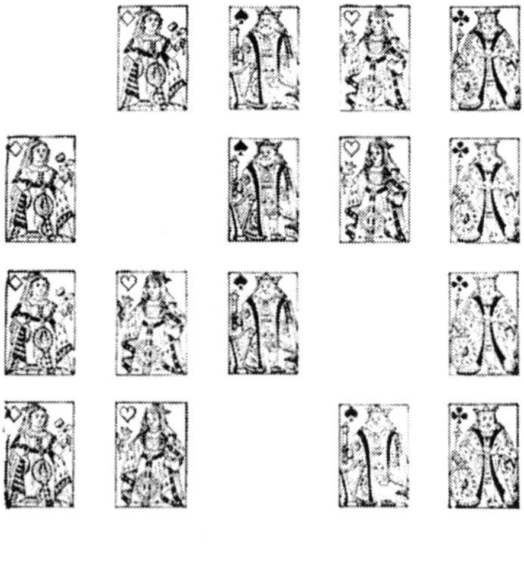

EN AVANT TROIS.

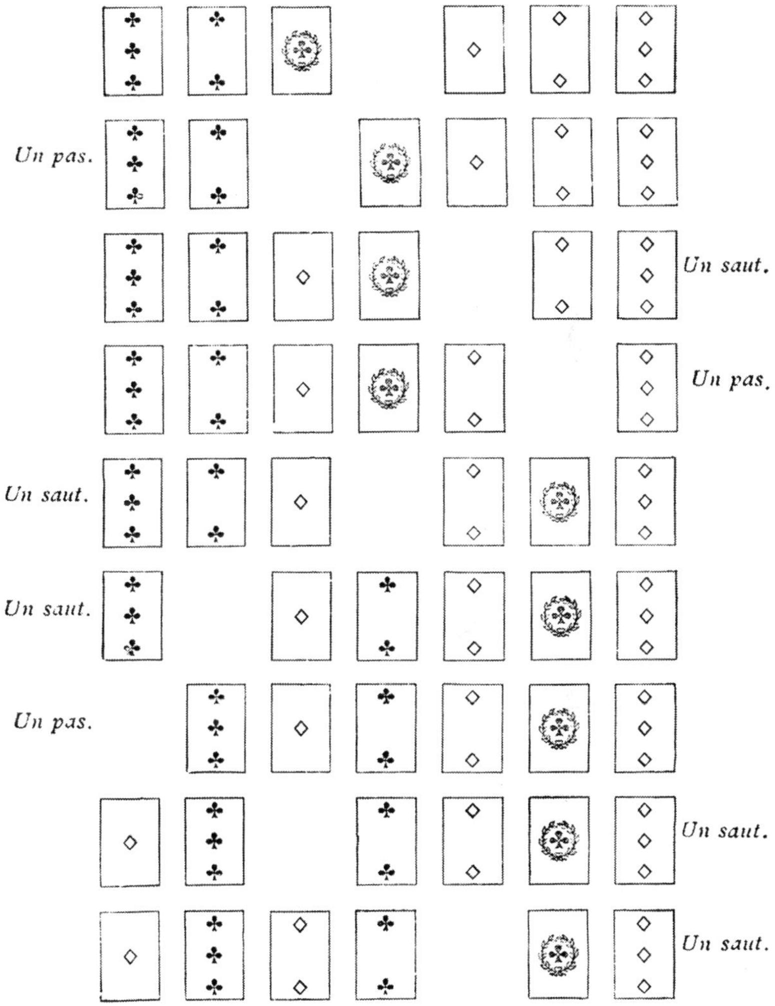

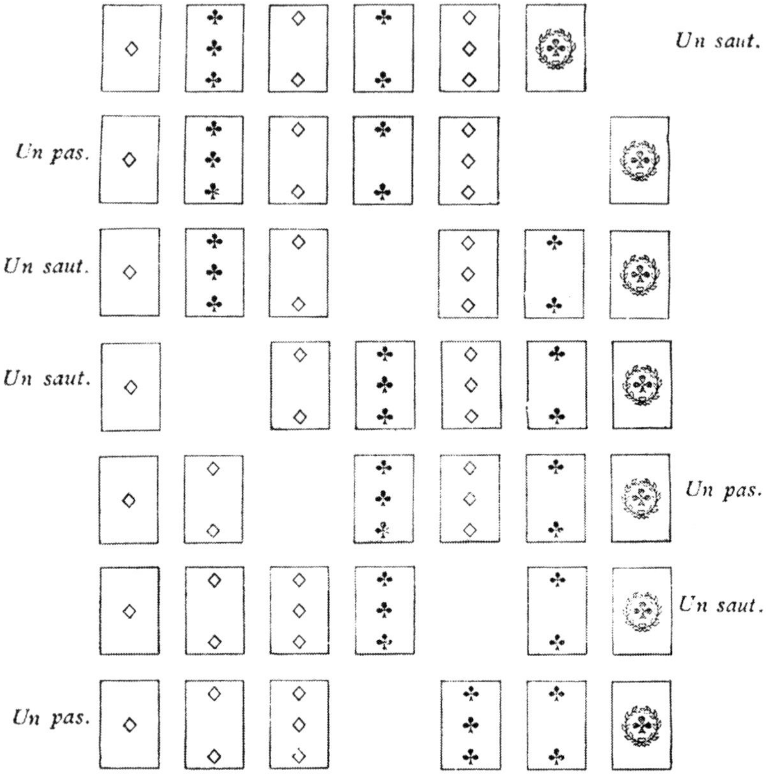

EN AVANT QUATRE.

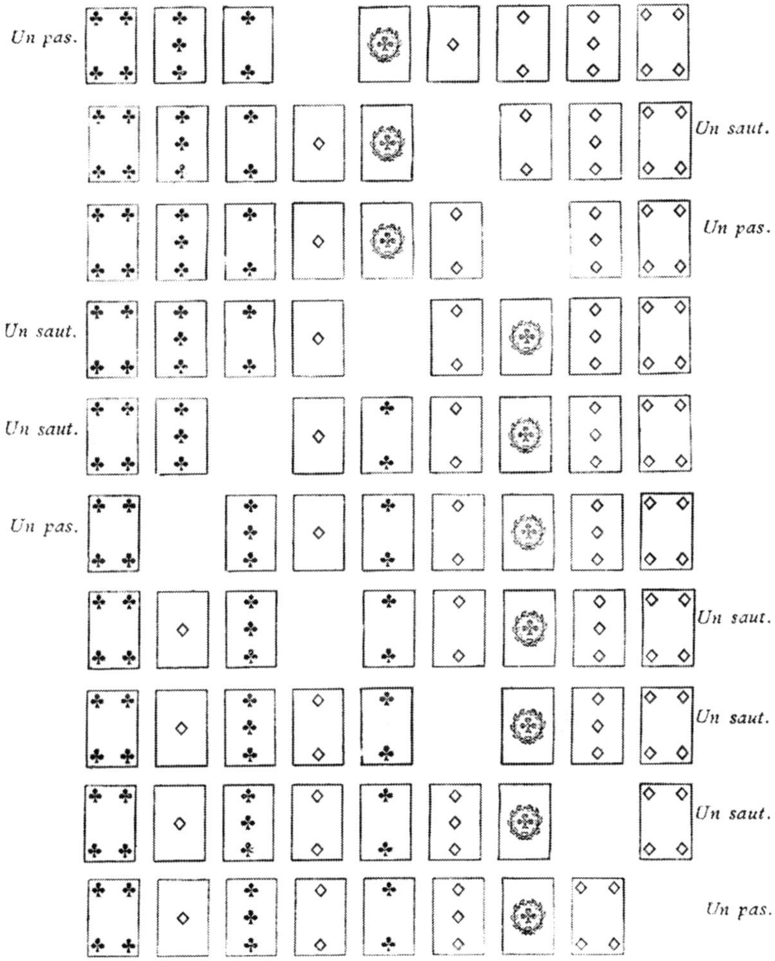
Un pas.
Un saut.
Un pas.
Un saut.
Un saut.
Un pas.
Un saut.
Un saut.
Un saut.
Un pas.

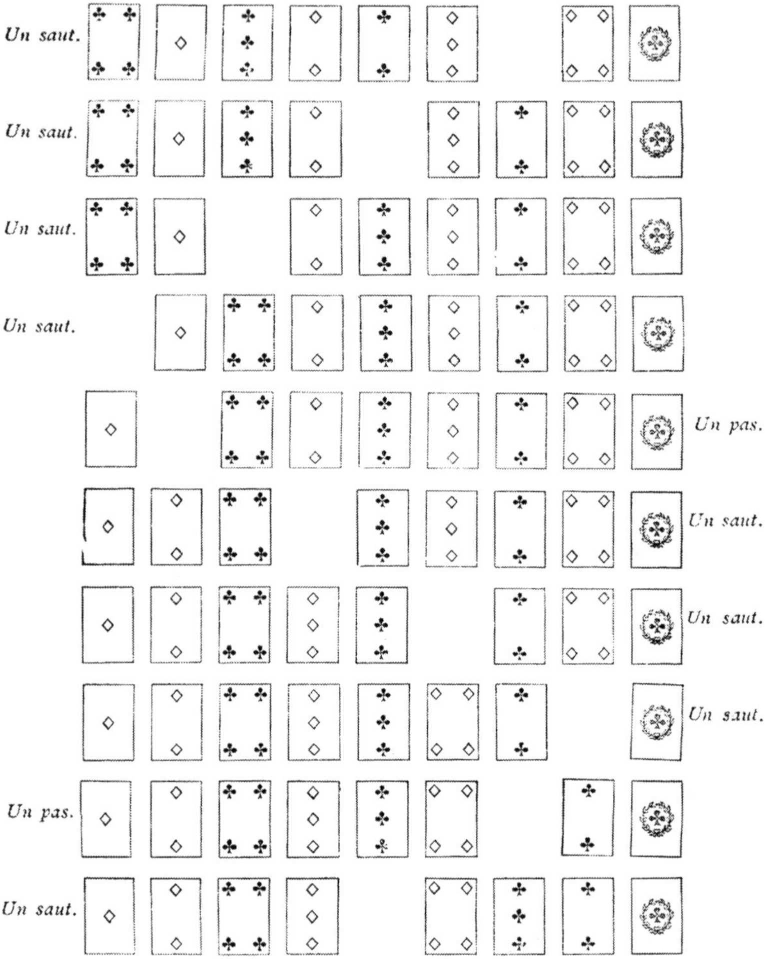
Un saut.
Un saut.
Un saut.
Un saut.
Un pas.
Un saut.
Un saut.
Un saut.
Un pas.
Un saut.

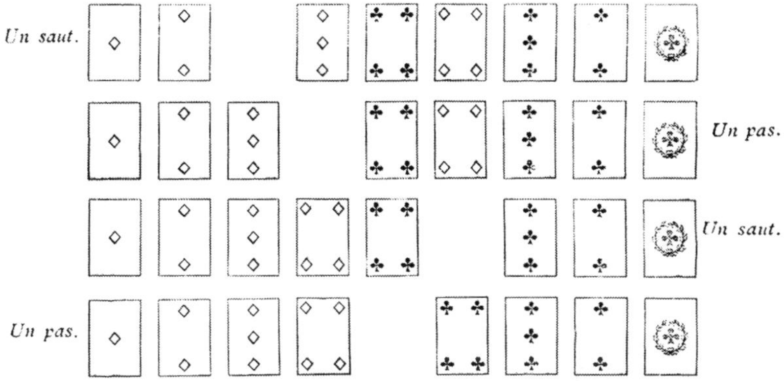

Après tous ces ébats, après toutes ces marches et contre-marches qu'il serait peut-être intéressant de voir reproduire par les danseuses du corps de ballet, ou par les écuyères de l'Hippodrome, tout notre joli petit monde aurait pu se livrer à un quadrille échevelé; mais, pour le crapaud comme pour la grenouille, il était tard.

> La cérémonie faite,
> Chacun s'en fut coucher,
> Les uns avec leurs femmes,
> Et les autres tout seuls,

comme dans la chanson de Malborough.

MÉTHODE GÉNÉRALE.

Si l'on nomme *changement* le passage du saut au pas ou réciproquement, et le passage du mouvement d'une grenouille à celui d'un crapaud, ou bien d'un pion blanc à celui d'un pion noir ou réciproquement, il faut, pour arriver à la solution, *changer le moins possible*. Cette règle est due à M. Schoute. La solution générale a été donnée par M. Van den Berg, ex-professeur à l'École Polytechnique de Delft :

Si l'on représente le saut par le signe ∩, et le pas par le signe —, la solution, pour n pions noirs et n pions blancs, est représentée de la manière suivante :

les blancs jouent	1	coup	—
les noirs	»	2	»	∩ —
les blancs	»	3	»	∩ ∩ —
les noirs	»	4	»	∩ ∩ ∩ —
. . . .	. . .	. . .	. . .	. . . .
les blancs	»	$(n-1)$	»	∩ ∩ ∩ . . . . . ∩ —
les noirs	»	n	»	∩ ∩ ∩ . . . . . ∩ ∩ —
les blancs	»	n	»	∩ ∩ ∩ . . . . . ∩ ∩ ∩
les noirs	»	n	»	— ∩ ∩ . . . . . ∩ ∩ ∩
les blancs	»	$(n-1)$	»	— ∩ ∩ . . . . . ∩ ∩
. . . .	. . .	. . .	. . .	. . . .
les blancs	»	3	»	— ∩ ∩
les noirs	»	2	»	— ∩
les blancs	»	1	»	—

Le nombre des coups est

$$2[1 + 2 + 3 + \ldots + (n - 1)] + 3n = n(n + 2)$$

LES VILAINS MARIS JALOUX [1].

PROBLÈME XXXVI. — LA TRAVERSÉE DES TROIS MÉNAGES.

Trois maris jaloux se trouvent le soir avec leurs femmes au passage d'une rivière, et rencontrent un bateau sans batelier; ce bateau est si petit, qu'il ne peut porter plus de deux personnes à la fois. On demande comment ces six personnes passeront, de telle sorte qu'aucune femme ne demeure en la compagnie d'un ou de deux hommes, si son mari n'est présent, soit sur l'une des deux rives, soit sur le bateau.

Nous représenterons les maris jaloux par les rois de pique, de carreau et de trèfle, et leurs femmes par les reines de la couleur correspondante; on a donc, au début de la traversée :

Première Rive. *Deuxième Rive.*

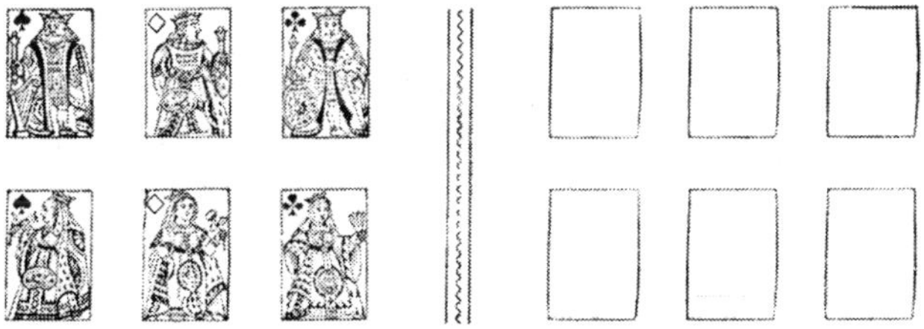

On opérera de la manière suivante, en observant qu'après chaque voyage le bateau est amarré à la seconde rive.

(1) *Voir* Note II, à la fin du volume.

Premier voyage. — Deux reines passent d'abord.

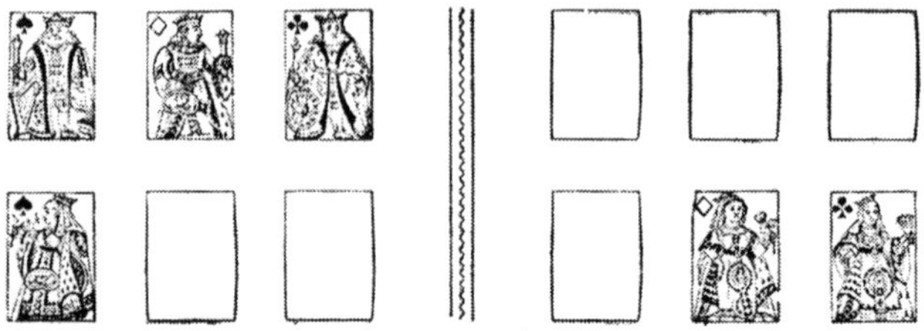

Deuxième voyage. — Une dame revient et emmène la troisième.

Troisième voyage. — Une dame revient, reste avec son roi, seigneur et maître, et les deux autres rois traversent la rivière.

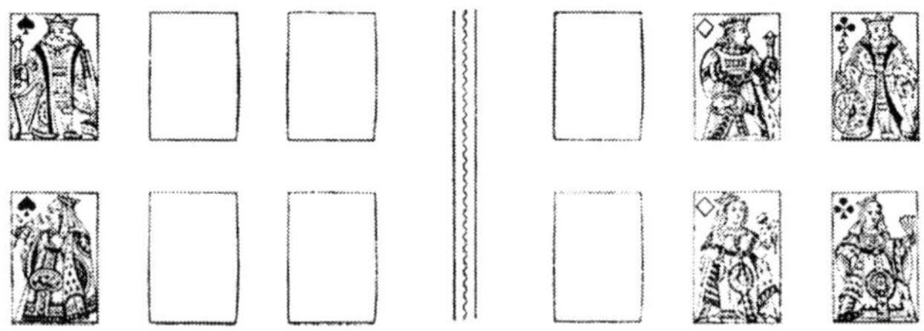

Quatrième voyage. — Un roi revient avec sa dame qu'il laisse et emmène l'autre roi.

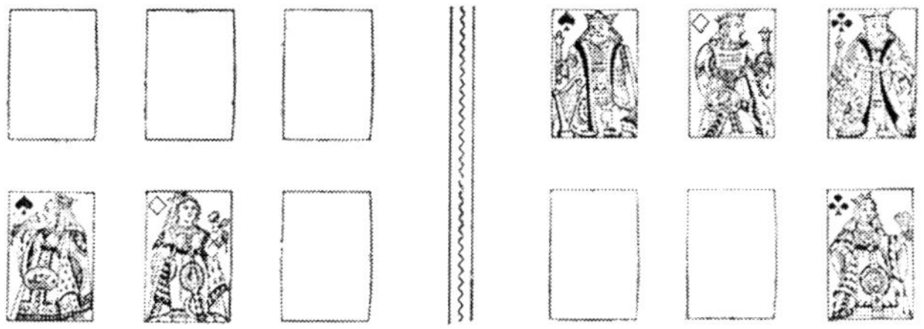

Cinquième voyage. — La dame qui a passé la rivière revient chercher l'une des deux autres.

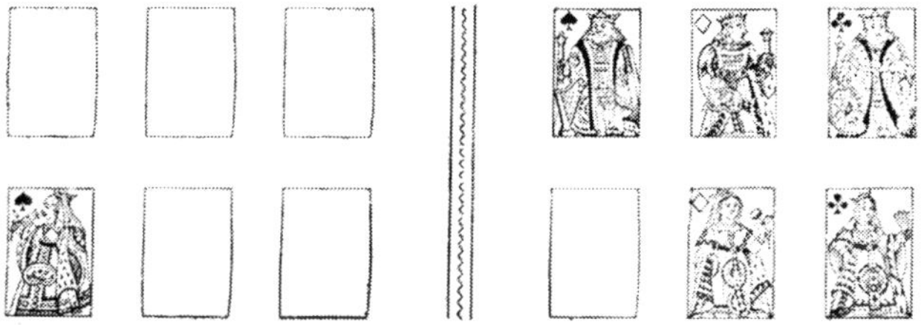

Sixième voyage. — L'une des deux dames passées revient chercher la dernière.

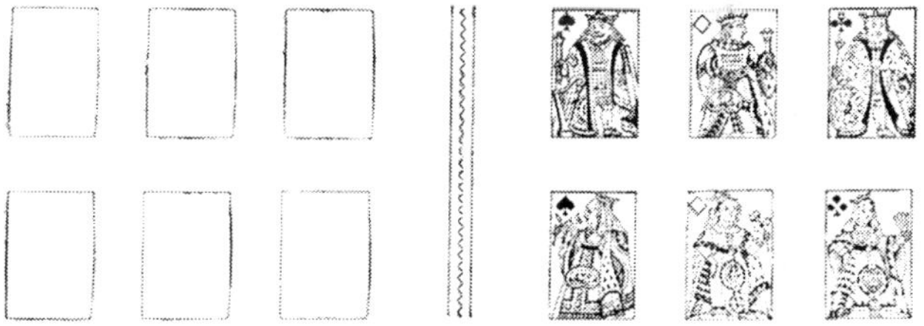

Dans ce sixième voyage, la dernière dame peut être ramenée sur l'autre rive par son mari.

Discussion. — « Il semble que cette question ne soit fondée en aucune raison; mais toutefois la condition apposée qu'il ne faut point qu'aucune femme demeure accompagnée d'aucun des hommes si son mari n'est présent, nous peut guider pour trouver la solution d'icelle par un discours infaillible. Car il est certain que, pour passer deux à deux, il faut ou que deux hommes passent ensemble, ou deux femmes, ou un homme avec sa femme. Or, au premier passage, on ne peut faire passer deux hommes, car alors un homme seul demeurerait avec les trois femmes, contre la condition; donc il est nécessaire que deux femmes passent, ou qu'il passe un homme, avec sa femme; mais ces deux façons reviennent à une, d'autant que si deux femmes passent, il faut que l'une ramène le bateau; partant une seule se trouve en l'autre rive; et, si un homme passe avec sa femme, le même adviendra, d'autant que l'homme doit ramener le bateau, car si la femme le ramenait, elle se trouverait avec les deux autres hommes sans son mari.

» Au second passage, deux hommes ne peuvent passer, car l'un d'eux laisserait sa femme accompagnée d'un autre homme; un homme aussi avec sa femme ne peut passer, car, étant passé, il se trouverait seul avec deux femmes; il est donc nécessaire que les deux femmes passent; ainsi les trois femmes étant passées, il faut que l'une d'icelles ramène le bateau. Quoi fait, au troisième passage, où restent à passer les trois hommes et une femme, on voit bien que deux femmes ne peuvent passer, puisqu'il n'y en a qu'une; un homme aussi avec sa femme ne peut passer, car, étant passé, il se trouverait seul avec les trois femmes; donc il faut que deux hommes passent et aillent vers leurs deux femmes, laissant l'autre avec la sienne. Or, qui ramènera le bateau ?

» Un homme ne peut le faire, car il laisserait sa femme accompagnée d'un autre homme; une femme (ou deux femmes) ne peut aussi, car elle irait vers un autre homme en laissant son mari; que si les deux hommes le ramenaient, ce serait ne rien faire, car ils retourneraient là d'où ils sont venus. Partant, ne restant aucun autre moyen, il faut qu'un homme avec sa femme ramène le bateau.

» Au quatrième passage, où restent à passer deux hommes avec leurs deux femmes, il est certain qu'un homme avec sa femme ne doit passer, car ce serait ne rien faire; les deux femmes aussi ne peuvent passer, car alors les trois femmes seraient avec un seul homme; donc il faut que les deux hommes passent. Alors pour ramener le bateau, deux hommes ne peuvent être employés, car ce serait retourner là d'où ils sont venus; un homme seul aussi ne peut passer, car cela fait, il se trouverait seul avec deux femmes; donc il faut que ce soit la femme qui, en deux fois, aille quérir les deux autres femmes qui restent à passer, et voilà le cinquième et le sixième passage. Partant, en six fois, ils sont tous passés sans enfreindre la condition. »

La discussion précédente est tirée du Recueil de *Problèmes plaisants et délectables qui se font par les nombres,* de Bachet, publiés pour la première fois à Lyon, en 1613. La cinquième édition, revue, simplifiée et augmentée par A. Labosne, professeur de Mathématiques, a été publiée à Paris, chez Gauthier-Villars, en 1884.

Gaspar Bachet, sieur de Méziriac, né à Bourg-en-Bresse, en 1581, et mort en 1638, était un géomètre et un littérateur distingué. Il fut, à la suite d'un voyage en Italie avec le grammairien Vaugelas, proposé comme précepteur de Louis XIII; mais, comme il n'était pas ambitieux, il quitta précipitamment la capitale, tout effrayé, et disant qu'il n'avait jamais été si en peine, s'imaginant déjà porter sur ses épaules le lourd fardeau du royaume.

De retour dans sa ville natale, il se maria, et son choix fut heureux à ce qu'il paraît, car il avoue lui-même que c'était la meilleure chose qu'il eût jamais faite. C'est au milieu du calme de cette vie intérieure qu'il fit d'importantes découvertes en Mathématiques, qu'il publia deux éditions successives de son *Recueil de problèmes* et son commentaire sur l'*Arithmétique* de Diophante (Paris, 1621).

Problème XXXVII. — La traversée des quatre ménages.

Quatre maris jaloux se trouvent avec leurs femmes au passage d'une rivière, et rencontrent un bateau sans batelier; ce bateau est si petit qu'il ne peut porter plus de trois personnes à la fois. On demande comment ces huit personnes traverseront la rivière, de telle sorte qu'aucune femme ne demeure en la compagnie d'un ou de plusieurs hommes, si son mari n'est présent, soit sur l'une des deux rives, soit sur le bateau.

Nous désignerons les maris jaloux par les quatre rois, et leurs femmes par les reines de la couleur correspondante; on a donc, au début de la traversée :

Première Rive. *Seconde Rive.*

On opérera de la manière suivante, en observant qu'après chaque voyage, le bateau est amarré à la seconde rive.

Premier voyage. — Trois dames passent d'abord.

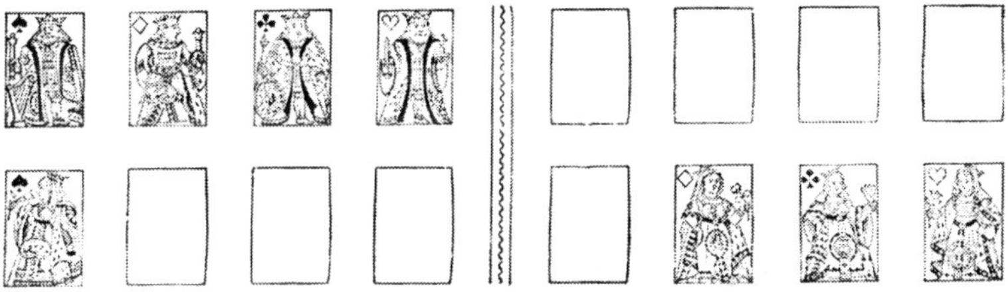

Deuxième voyage. — Une dame (ou deux) revient et emmène la quatrième.

Troisième voyage. — Une dame revient, reste avec son mari, et les trois autres rois traversent la rivière.

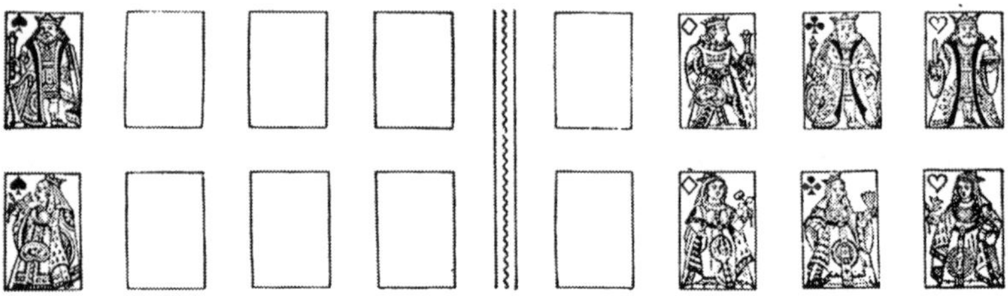

Quatrième voyage. — Un roi revient avec sa femme et emmène l'autre roi.

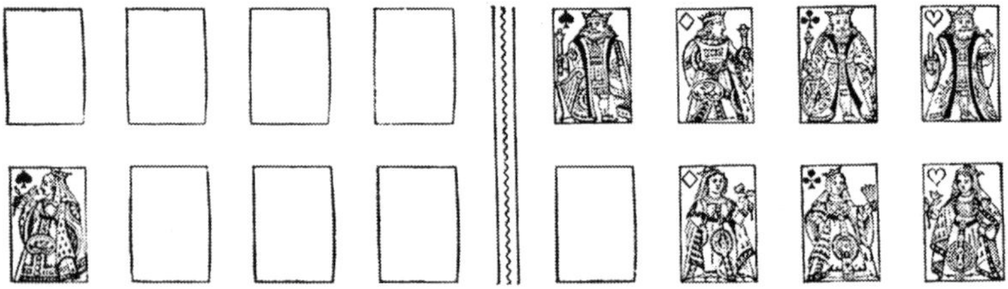

Cinquième voyage. — Enfin, le dernier des rois (ou une dame ou deux dames) revient chercher la dernière dame.

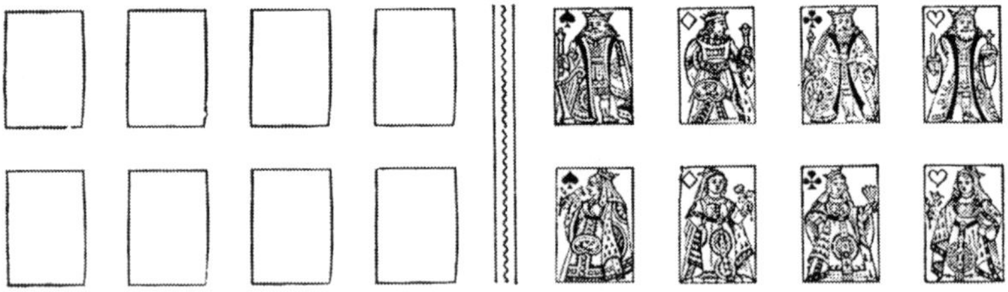

L'ERREUR DE TARTAGLIA.

TARTAGLIA, illustre mathématicien italien, naquit à Brescia vers 1510, et mourut en 1557. Dans son *Traité d'Arithmétique,* il s'est proposé de résoudre le problème des quatre ménages avec un bateau ne pouvant contenir plus de deux personnes; mais il s'est trompé. BACHET, qui le fait remarquer, a reconnu que la chose est impossible, mais sans donner de démonstration.

Voici comment on peut démontrer l'impossibilité de la traversée de quatre ménages, lorsqu'on ne peut faire passer plus de deux personnes à la fois. On observera d'abord que d'un passage au suivant le nombre des personnes passées, s'il augmente, ne peut augmenter que d'une unité. Par conséquent, supposons qu'on ait fait passer deux, puis trois, puis quatre personnes avec les conditions imposées, et voyons si l'on pourra faire passer cinq personnes. Ces cinq personnes peuvent être passées de l'une des quatre façons suivantes :

4 femmes.	3 femmes.	2 femmes.	1 femme.
1 homme.	2 hommes.	3 hommes.	4 hommes.

Mais les deux premiers cas sont impossibles, d'après l'énoncé, puisque sur la seconde rive les femmes seraient en majorité, et, par suite, il y aurait quelque femme qui se trouverait avec un homme sans son mari; de même, le troisième cas est impossible, puisque sur la première rive les femmes seraient encore en majorité sur les hommes présents.

Quant au dernier cas, s'il peut avoir lieu, c'est que le dernier passage a amené deux hommes, ou un homme et une femme. Or, il n'a pu amener deux hommes, car alors il y aurait eu sur la première rive deux hommes et trois femmes, ce qui est impossible comme dans le second cas; il n'a pu amener non plus un homme et une femme, car il y aurait eu sur la première rive un homme et quatre femmes, ce qui est impossible comme dans le premier cas.

Donc, on ne peut faire passer cinq personnes par suite des exigences de l'énoncé du problème.

Nous avons résolu précédemment le problème de la traversée des quatre maris jaloux avec leurs femmes, en supposant que le bateau puisse contenir trois personnes; on peut encore le résoudre d'une autre manière, ainsi que nous allons le montrer. Il suffit de supposer que, dans la traversée du fleuve, on peut s'arrêter dans une île; dans ce cas, en conservant toutes les autres conditions du premier problème, on peut effectuer la traversée, avec un bateau contenant deux personnes au plus, d'un nombre quelconque de ménages. Mais nous ne donnerons la solution que pour quatre ménages, en laissant au lecteur le soin de le faire pour cinq, six ménages et plus.

Problème XXXVIII. — la station dans une ile.

Quatre maris jaloux se trouvent avec leurs femmes au passage d'une rivière; ils rencontrent un bateau si petit qu'il ne peut porter plus de deux personnes. De plus, la rivière renferme une île sur laquelle on peut s'arrêter. On demande comment toutes ces personnes passeront la rivière, de telle sorte qu'aucune femme ne demeure, soit sur les deux rives, soit dans le bateau ou dans l'île, en compagnie d'un ou de plusieurs hommes, si son mari n'est présent.

La traversée se compose de trois phases distinctes, une phase de départ, une phase intermédiaire, et une dernière phase.

phase de départ.

Dans cette première partie, il s'agit de faire passer un ménage sur la seconde rive, et un autre dans l'île; on arrive à ce résultat par cinq voyages; après chacun d'eux, le bateau est amarré dans l'île.

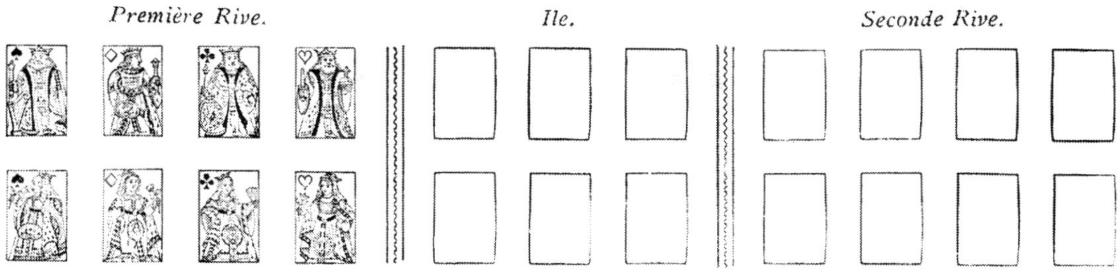

Premier voyage. — Deux femmes prennent le bateau et passent dans l'île.

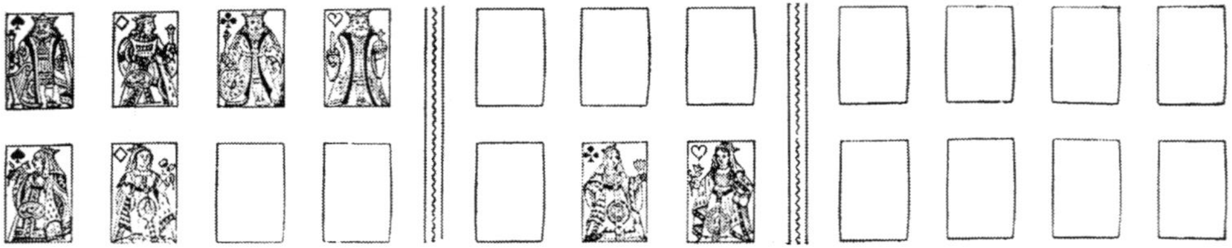

Deuxième voyage. — L'une des dames revient chercher la troisième.

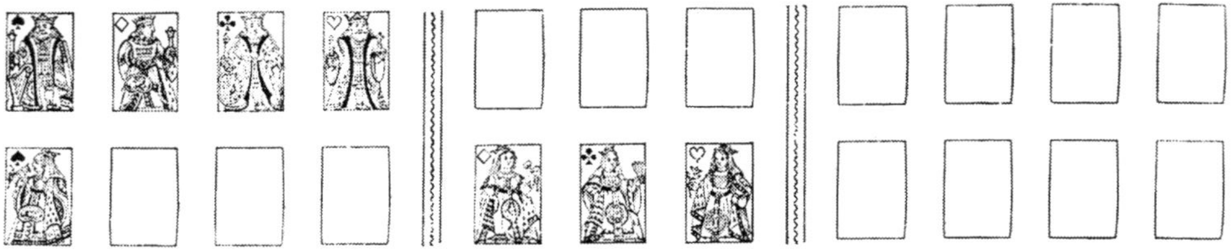

Troisième voyage. — Une dame revient, reste avec son roi, seigneur et maître, et deux rois rejoignent leurs dames.

Quatrième voyage. — Les dames de l'île passent sur la deuxième rive, et l'une d'elles revient dans l'île.

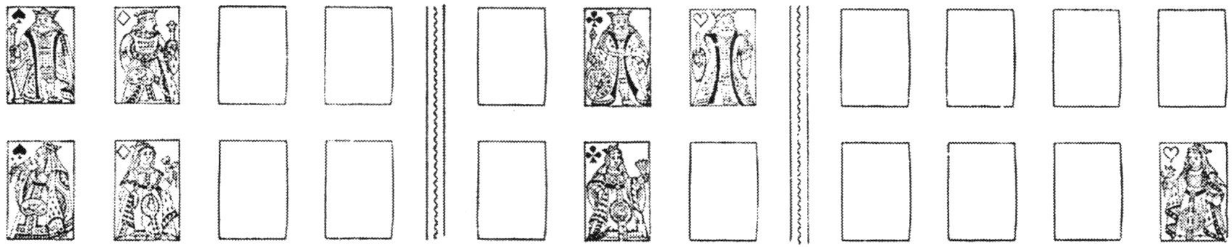

Cinquième voyage. — Les rois arrivés dans l'île traversent le second bras, et l'un d'eux revient dans l'île avec sa dame.

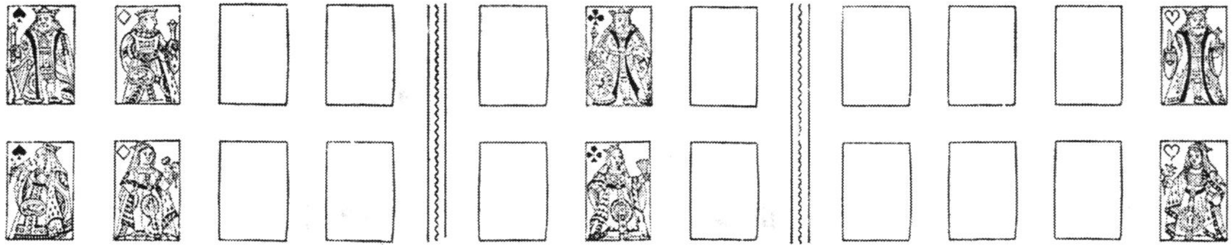

PHASE INTERMÉDIAIRE.

Il s'agit : 1° d'aller chercher un ménage sur la première rive pour l'amener dans l'île; 2° de faire passer un ménage arrivé dans l'île sur la seconde rive; cette phase comprend quatre voyages, après chacun desquels le bateau reste toujours amarré dans l'île.

Sixième voyage. — Le roi de l'île revient sur la première rive et deux femmes rejoignent l'île.

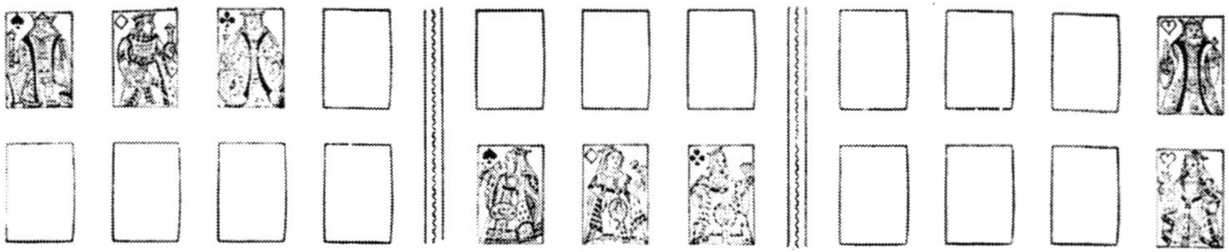

Septième voyage. — Une dame revient de l'île, reste avec son mari, et les deux autres rois rejoignent leurs dames dans l'île.

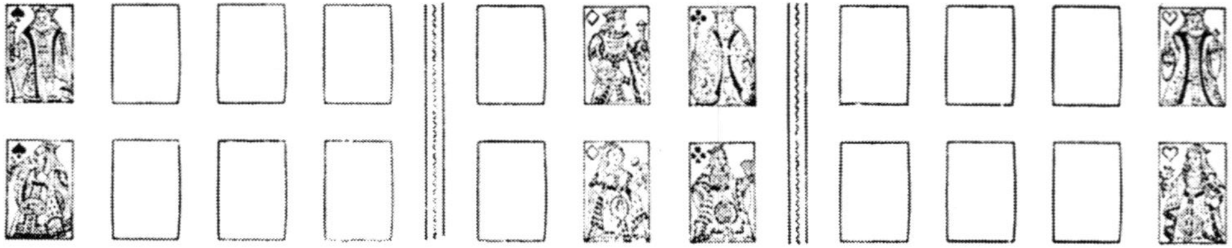

Huitième voyage. — Les deux rois de l'île traversent le second bras, et la dame revient dans l'île.

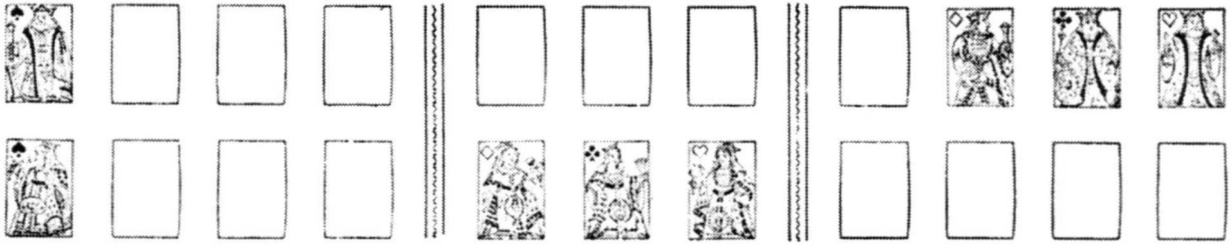

Neuvième voyage. — Deux femmes de l'île traversent le second bras, et le roi seul vient rejoindre sa femme dans l'île.

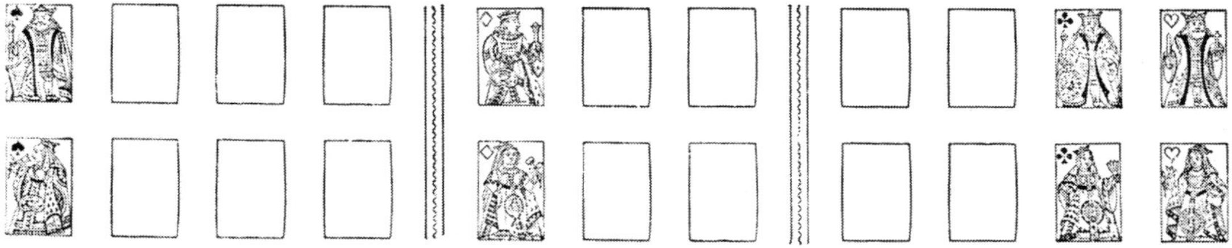

S'il y a plus de quatre ménages, on répétera cette phase intermédiaire jusqu'à ce qu'il ne reste plus qu'un seul ménage sur la première rive et qu'un seul ménage dans l'île.

DERNIÈRE PHASE.

Il s'agit de faire passer sur la deuxième rive le ménage resté sur la première, et celui qui est resté dans l'île. Il faut trois voyages, le dernier étant compté pour un seul.

Dixième voyage. — Le roi de l'île revient chercher le dernier mari de la première rive.

Onzième voyage. — Les rois arrivés dans l'île passent sur la seconde rive, et l'une des dames arrivées sur cette seconde rive ramène le bateau dans l'île.

Douzième voyage. — Les dames de l'île passent le second bras et l'une d'elles (ou le dernier roi) revient chercher la dernière femme.

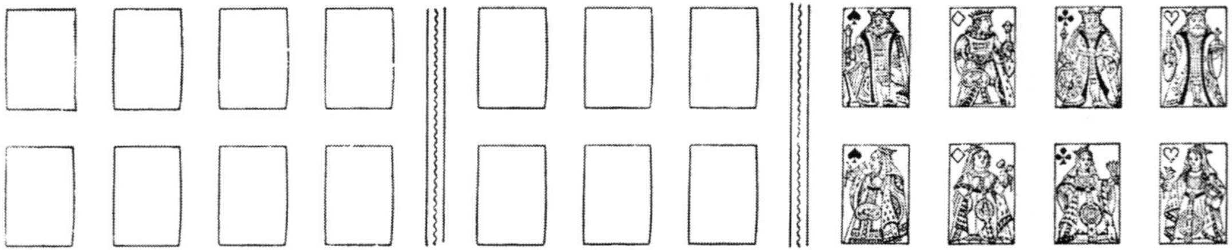

Ainsi, pour quatre ménages, la traversée s'effectue en douze voyages; s'il y en a plus, il faut compter quatre voyages pour chaque nouveau ménage, dans la phase intermédiaire.

PROBLÈME XXXIX. — LA TRAVERSÉE DES CINQ MÉNAGES.

Cinq maris jaloux se trouvent avec leurs femmes au passage d'une rivière, et rencontrent un bateau sans batelier; ce bateau est si petit qu'il ne peut porter plus de trois personnes à la fois. On demande comment ces dix personnes traverseront la rivière, de telle sorte qu'aucune femme ne demeure en la compagnie d'un ou de plusieurs hommes, si son mari n'est présent soit sur l'une des rives, soit sur le bateau.

Nous désignerons les maris jaloux par les quatre rois et par le valet de trèfle, et leurs femmes par les dames de la couleur correspondante et par l'as de trèfle; on a donc, au début de la traversée :

Première Rive. *Seconde Rive.*

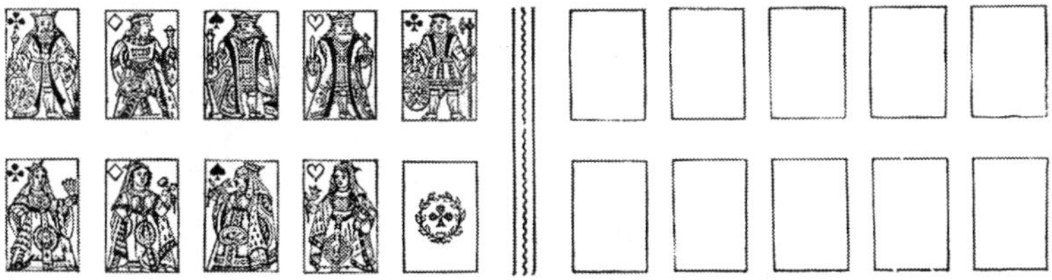

On opérera de la manière suivante, en observant qu'après chaque voyage, le bateau est amarré à la seconde rive.

Premier voyage. — Trois dames passent d'abord.

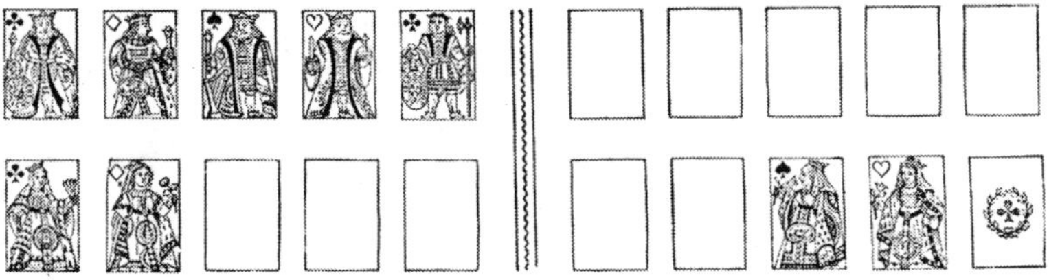

Deuxième voyage. — Une dame (ou deux) revient et emmène la quatrième.

Troisième voyage. — Une dame revient et trois maris rejoignent leurs femmes.

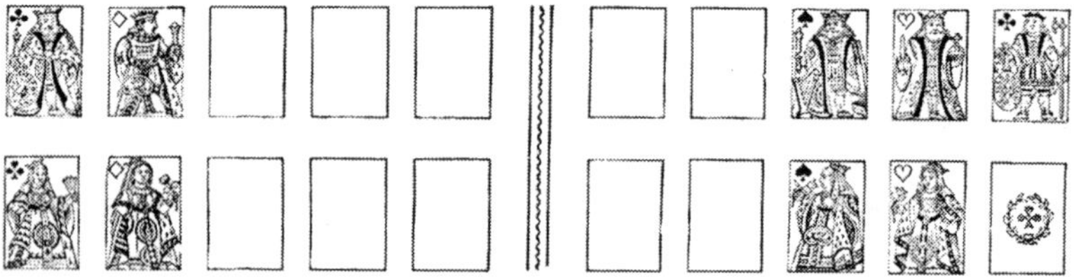

Quatrième voyage. — Un couple revient et trois maris passent.

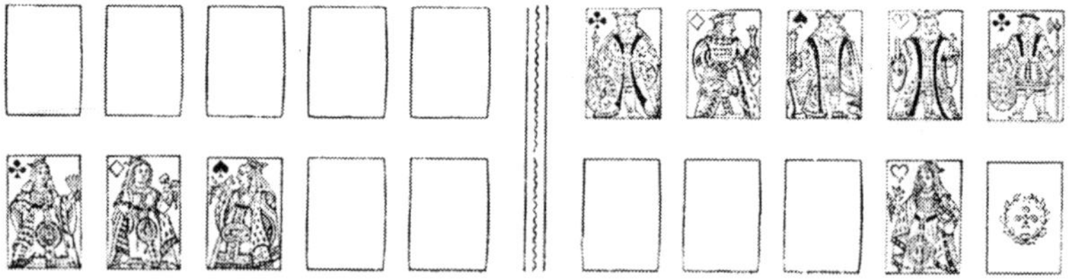

Cinquième et sixième voyage. — Une femme revient chercher successivement les trois dernières femmes.

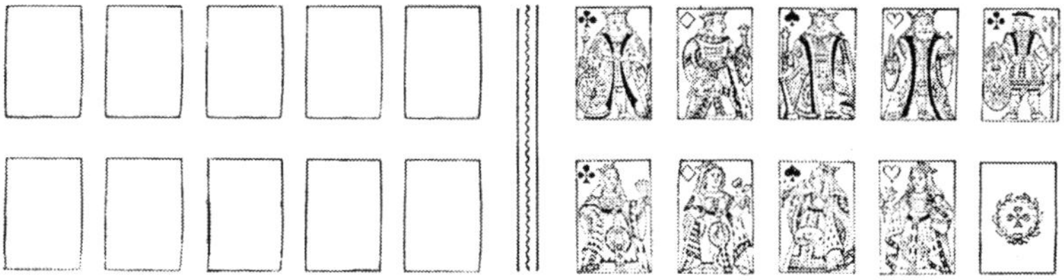

ÉNONCÉ GÉNÉRAL DU PROBLÈME DES TRAVERSÉES.

Le problème général des traversées de n ménages peut s'énoncer de la manière suivante :

Des maris en nombre quelconque n se trouvent avec leurs femmes au passage d'une rivière; quel doit être le plus petit nombre x de personnes qu'un bateau peut au plus contenir pour effectuer la traversée sans batelier, avec la condition qu'aucune femme ne demeure dans le bateau ou sur l'une des rives en compagnie d'un ou de plusieurs hommes, si son mari n'est présent.

Mon ami Delannoy a résolu ce problème d'une manière très simple :

Il y a deux cas à considérer, suivant que le bateau peut contenir quatre personnes, ou moins de quatre. Dans le premier cas, on fait passer deux ménages à la fois, et l'un d'eux revient chercher un autre couple. En répétant cette manœuvre, les n couples passeront la rivière en $n - 1$ voyages.

Dans le second cas, on ne peut faire passer plus de cinq ménages, et les traversées s'exécutent comme nous l'avons indiqué dans les problèmes XXXVI à XXXIX.

En désignant par n le nombre de ménages, par x le nombre de personnes que le bateau peut au plus contenir, et par N le nombre des voyages, on a le Tableau suivant :

$n = 2$	$x = 2$	$N = 3$
$n = 3$	$x = 2$	$N = 6$
$n = 4$	$x = 3$	$N = 5$
$n = 5$	$x = 3$	$N = 6$
$n > 5$	$x = 4$	$N = n - 1$

Problème XL. — le testament du nabab.

Problème d'Arithmétique indienne.

Un nabab laisse à ses enfants un certain nombre de diamants d'égale valeur, dans les conditions suivantes : Le premier prend un diamant et le $\frac{1}{7}$ de ce qui reste ; le second prend deux diamants et le $\frac{1}{7}$ de ce qui reste; le troisième prend trois diamants et le $\frac{1}{7}$ de ce qui reste, et ainsi de suite. Après le partage de tous les diamants, toutes les parts se trouvent égales. On demande le nombre des diamants et celui des enfants.

Nous représenterons les diamants par des pions noirs ou blancs, afin de distinguer ceux sur lesquels nous porterons plus particulièrement notre attention. Considérons d'abord un carré de 36 diamants (*fig.* 26), et portons au-dessous des pions blancs la colonne de pions noirs; nous formons ainsi la *fig.* 27.

En retirant d'abord le pion noir à droite, les pions noirs

Fig. 26.

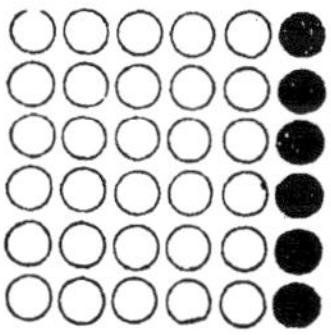

Fig. 27.

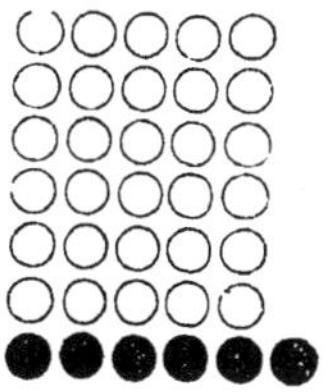

forment le *septième* de ce qui reste, puisque la figure se compose de sept rangées égales, et ainsi la part du premier enfant se compose de six diamants.

Considérons maintenant le reste, en désignant par des pions noirs les diamants contenus dans la colonne à droite; nous formons la *fig.* 28; plaçons maintenant cette colonne de pions noirs

Fig. 28.

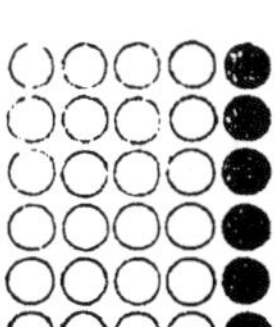

Fig. 29.

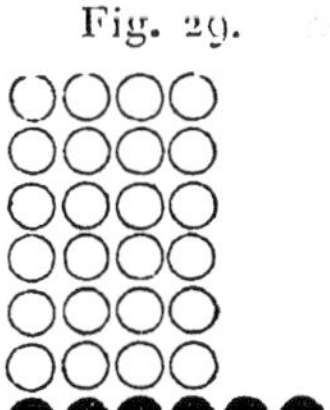

au-dessous des pions blancs, nous formons la *fig.* 29. La dernière ligne se compose de *deux* diamants et encore du $\frac{1}{7}$ du reste; telle est la part du second enfant, égale à six diamants, comme celle du premier enfant.

En continuant le même raisonnement, par une semblable manœuvre on forme les *fig.* 30 et 31, où l'on voit que la part des

Fig. 30.

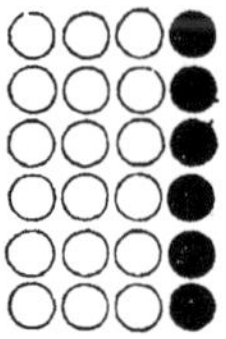

Fig. 31.

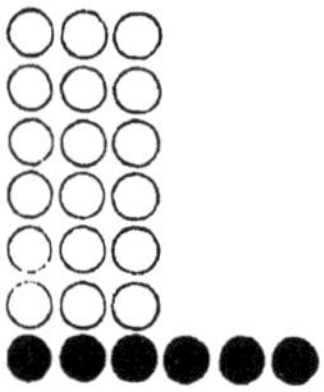

diamants du troisième enfant est représentée par *trois* diamants et le *septième* du reste.

Et ainsi de suite. Le nombre des diamants est donc égal à 36, et les enfants sont au nombre de six, prenant chacun six diamants.

Il est facile de voir qu'il en est ainsi, lorsque l'on remplace la fraction *un septième* par une autre quelconque, *un* $n^{\text{ième}}$; alors le nombre des enfants est égal à $(n-1)$, et le nombre des diamants, au carré de $(n-1)$.

Remarque. — On donne habituellement la solution du problème précédent au moyen de formules algébriques ; on en trouve une de cette nature dans l'*Algèbre* d'Euler ; mais il nous paraît fort probable que la solution que nous venons de donner est l'origine même de ce problème. Dès le ve siècle de notre ère, les géomètres indiens représentaient les nombres par des briquettes, en forme de parallélépipèdes rectangles à base carrée, et dont la hauteur était égale à 2, 3, 4, 5, 6, ... fois le côté commun de toutes les bases. C'est ainsi que la lecture du *Traité d'Arithmé-*

tique d'Aryabhatta nous a permis de reconstituer la Table de multiplication dont il se servait dans son cours (à Pataliputra, la *cité des fleurs,* capitale historique des monarques de l'Inde), pour la démonstration des propriétés fondamentales de la théorie des nombres. Le lecteur trouvera un exemplaire de cette Table dans la collection des machines à calcul du Conservatoire national des Arts et Métiers, à Paris. En remplaçant les colonnes de pions par des réglettes de cette Table, la solution de ce curieux problème devient intuitive.

CHAPITRE QUATRIÈME

LES PROGRESSIONS GÉOMÉTRIQUES.

La numération est basée sur la théorie des *progressions géométriques*. On appelle ainsi une suite de nombres tels que chacun d'eux est égal au précédent multiplié par un nombre fixe que l'on appelle *raison* de la progression. Ainsi les nombres

$$1, \quad 10, \quad 100, \quad 1000, \quad 10000, \quad \ldots$$

forment une progression de raison dix, ou la *progression décimale;* de même, les nombres

$$1, \quad 2, \quad 4, \quad 8, \quad 16, \quad 32, \quad 64, \quad \ldots$$

forment une progression de raison deux, ou la *progression binaire*.

Nous avons écrit ci-dessous les seize premiers termes de la progression binaire, la première colonne représente l'exposant et la seconde colonne représente la puissance correspondante de 2. Pour multiplier deux nombres de la Table, c'est-à-dire deux puissances quelconques de 2, il suffit d'ajouter les exposants; ainsi

$$128 \times 256 = 32768,$$

ou, avec la notation des exposants,

$$2^7 \times 2^8 = 2^{15}.$$

Ainsi, pour multiplier deux puissances d'un même nombre, il suffit d'ajouter les exposants.

n	2^n	n	2^n
0	1	8	256
1	2	9	512
2	4	10	1024
3	8	11	2048
4	16	12	4096
5	32	13	8192
6	64	14	16384
7	128	15	32768

LES GRAINS DE BLÉ DE SESSA.

Si l'on multiplie les différents termes d'une progression géométrique par la raison, on reproduit cette progression avancée d'un rang vers la gauche; par soustraction, on en déduit que la somme des termes d'une progression géométrique est égale à l'excès, sur le premier terme, du terme qui suivrait le dernier, divisé par l'excès de la raison sur l'unité. Ainsi, la somme des soixante-quatre premiers termes de la progression binaire est $2^{64} - 1$ ou

$$18\,446\,744\,073\,709\,551\,615.$$

Le nombre prodigieux que nous venons d'écrire était connu des Hindous. L'écrivain arabe Asaphad rapporte, en effet, que Sessa, fils de Daher, imagina le jeu des échecs, où le roi, quoique la pièce la plus importante, ne peut faire un pas sans le secours de ses sujets les pions, dans le but de rappeler au monarque indien Scheran les principes de justice et d'équité avec lesquels il devait gouverner. Scheran, enchanté d'une leçon donnée d'une manière si ingénieuse, promit à l'inventeur de lui donner tout ce qu'il voudrait pour sa récompense. Celui-ci répondit : « Que Votre Majesté daigne me donner un grain de blé pour la première case de l'échiquier, deux pour la seconde, quatre pour la troisième, et ainsi de suite, en doublant jusqu'à la soixante-quatrième case. » — Il aurait fallu huit fois la superficie de la terre, supposée entièrement ensemencée, pour avoir en une année de quoi satisfaire au désir du modeste bramine !

TOUS PLUS RICHES QUE ROTHSCHILD.

Un franc, placé à intérêts à 5 pour 100, devient, au bout d'une année, 1^fr^,05, capital et intérêts composés; si l'on place 1^fr^,05 encore à 5 pour 100 pendant un an, cette somme devient égale à $1{,}05 \times 1{,}05$, c'est-à-dire 1^fr^,1025, c'est-à-dire un peu plus de 1^fr^,10, et ainsi de suite.

Supposons que l'on ait placé, au commencement de l'ère chrétienne, un centime à intérêts composés au taux de 5 pour 100 par an, et que l'on demande à évaluer la somme produite par la capitalisation des intérêts à l'époque actuelle, en 1889. Il faut calculer le 1888e terme d'une progression géométrique commençant à $0^{fr},01$, et ayant pour raison 1,05; c'est un nombre dont la partie entière a trente-huit chiffres. Pour nous faire une idée de cette somme véritablement prodigieuse, nous ne pourrions même pas la comparer à la totalité des métaux renfermés dans le sein de la Terre. Mais prenons pour unité la somme représentée par une sphère d'or pur, dont le volume serait égal à celui de la Terre. Eh bien, si l'on suppose qu'une telle sphère tombe de minute en minute depuis le commencement de l'ère chrétienne, il faut encore attendre trois siècles pour que la somme représentée par toutes ces immenses boules d'or, au nombre de plus d'un milliard, soit égale à la valeur actuelle de notre centime capitalisé!

L'ARÉNAIRE D'ARCHIMÈDE.

C'est à Archimède que l'on doit la théorie des progressions arithmétiques et géométriques. Dans son immortel Ouvrage, intitulé *l'Arénaire*, il entrevoit la numération décimale écrite; voici ce qu'il écrivait au roi de Syracuse, près de trois siècles avant l'ère chrétienne :

« Beaucoup de personnes pensent, ô roi Gélon, que le nombre des grains de sable est infini; non pas seulement de celui qu'on trouve aux environs de Syracuse, et sur toute la Sicile, mais de celui qui est répandu sur toutes les parties de la Terre habitées et non habitées. D'autres, bien qu'elles ne regardent pas ce nombre comme infini, pensent qu'il n'existe pas de grandeur, qu'on ne peut dire le nom d'une grandeur surpassant la multiplicité de ces grains. Par là, il est évident que les personnes de cette opinion, si elles imaginaient un tas de sable capable de remplir et de niveler toutes les profondeurs de la mer, toutes les cavités de la Terre jusqu'aux sommets des plus hautes montagnes, soutiendraient encore bien qu'il est impossible d'assigner un nombre supérieur aux grains d'un tel tas. Mais moi, je vais essayer de faire voir le contraire par des démonstrations irrécusables, au moyen desquelles tu pourras reconnaître que quelques-uns des nombres que j'ai dénommés dans mes livres adressés à Zeuxippe [1], surpassent non seulement le nombre des grains de sable qui puissent remplir toute la Terre, mais encore la masse de sable égale en volume à tout l'Univers. »

Pour Archimède, ce dernier mot désigne la sphère des planètes ou du système solaire. D'après des observations qui portent l'empreinte de son génie, Archimède conclut que le diamètre de l'Univers est moindre que 10 millions de *stades*, ou, en mesures métriques, 180 000 myriamètres; ce qui représente assez approximativement la distance du Soleil à Saturne. D'autre part, l'expérience lui apprend qu'un grain de pavot a un diamètre plus petit que $\frac{1}{40}$ de *doigt*, ou, en mesures actuelles, $\frac{468}{1000}$ de millimètre, et que le volume de ce même grain de pavot équivaut à celui de 10 000 grains de sable. Il a donc tous les éléments de la solution.

Archimède démontre ensuite que les volumes de deux sphères

(1) Ces livres sont malheureusement perdus.

sont dans le rapport des cubes de leurs diamètres; il obtient ainsi les rapports des volumes de la sphère solaire et du pavot; en multipliant ce nombre par 10000, il a donc une limite supérieure du nombre des grains de sable qui rempliraient tout l'espace planétaire. Voici comment Archimède a cherché à exprimer ce nombre immense. Les Grecs, comme tous les peuples anciens, se servaient de la numération décimale parlée et employaient les cinq mots : unité, dizaine, centaine, mille et myriade. Puis les unités suivantes des divers ordres se disaient ainsi : dix myriades, cent myriades, mille myriades, myriade de myriades, et ainsi de suite, en répétant sans cesse les mêmes mots. Mais ils n'avaient pas d'autres mots pour compter, n'ayant pas eu à considérer ces nombres immenses; ils ont ignoré les milliards!

Donc, Archimède considère la progression décimale, mais sans employer le zéro et les exposants, et forme un Tableau que nous représentons avec les notations actuelles par

$$\begin{array}{l}
1,\ 10,\ 10^2,\ 10^3,\ 10^4,\ 10^5,\ 10^6,\ 10^7,\\
10^8,\ 10^9,\ 10^{10},\ \ldots\ldots\ldots,\ 10^{15},\\
10^{16},\ 10^{17},\ \ldots\ldots\ldots,\ 10^{23},\\
10^{24},\ \ldots\ldots\ldots\ldots,\ 10^{31},\\
\ldots\ldots\ldots\ldots\ldots\ldots\\
\ldots\ldots\ldots\ldots\ldots\ldots
\end{array}$$

Il appelle *octade* l'ensemble de huit termes consécutifs et trouve, tous calculs faits, que le nombre des grains de sable qui rempliraient tout le monde solaire est moindre que le dernier terme de la huitième octade, 10^{63}, c'est-à-dire que l'unité suivie de soixante-trois zéros. « Je sais bien, ô roi Gélon, — dit-il en terminant, — que ces résultats paraîtront incroyables au vulgaire, à tous ceux qui sont inexpérimentés dans les sciences mathématiques; mais cela paraîtra suffisamment croyable, vu les preuves, à ceux qui s'y sont essayés et qui ont fait des recherches sur les distances des corps célestes, sur la grandeur de la Terre, du Soleil, de la Lune et de l'Univers entier; c'est pour cela que j'ai jugé convenable de consacrer à cet objet quelques méditations. »

ARITHMÉTIQUE MILITAIRE.

Dans une excellente et lumineuse étude de l'*Arenaire*, MICHEL CHASLES, notre ARCHIMÈDE des temps modernes, a montré que si les Grecs et les Latins connaissaient la numération décimale parlée, ils ne connaissaient pas la numération décimale chiffrée, attendu qu'ils ignoraient le fonctionnement du zéro. Il a parfaitement établi que les abaques servaient, pour le calcul, à traiter les unités des différents ordres comme des unités complexes; ces appareils disparurent presque entièrement lors de l'introduction de la numération hindoue-arabe avec son zéro, qui constitue l'Arithmétique de position.

Nous complétons ces renseignements historiques par l'indication d'un document dans lequel on rencontre, avec le germe de la numération décimale écrite, celui de la Télégraphie optique appliquée à l'art militaire ([1]). Dans une collection d'auteurs grecs et latins, publiée par l'Imprimerie royale de Paris, en

([1]) M. le lieutenant-colonel DE ROCHAS, administrateur de l'École Polytechnique, a fait un intéressant travail *Sur les signaux de feu et la télégraphie optique chez les anciens*.

1693 [1], on trouve un Ouvrage de SEXTE-JULE-AFRICAIN, auteur qui vécut en Orient, sous HÉLIOGABALE, au IIIe siècle de notre ère. Cet Ouvrage, qui a pour titre : *Cestes*, c'est-à-dire les *Broderies* ou les *Bigarrures*, est divisé en soixante-dix-sept chapitres; dans l'avant-dernier, l'auteur parle de l'emploi des fanaux comme signaux de guerre, et exprime son admiration de l'usage qu'en font les Romains pour faire connaître au loin la force d'une troupe. « A cet effet, dit-il, ils préparent trois espaces : à droite, au milieu, à gauche; dans chacun, ils allument depuis un jusqu'à neuf feux; mais ceux qui sont dans l'espace à gauche désignent des unités; ceux du centre, des dizaines, et ceux de l'espace à droite, des centaines. De là, au système de la numération écrite, il n'y avait qu'un pas à franchir; cependant, il paraît probable que les Romains ne l'ont pas fait, toujours à cause de l'absence du zéro. »

L'histoire ne dit pas, ou du moins je l'ignore, le nom de celui qui imagina le premier la numération chiffrée, tandis que Barême s'est immortalisé en livrant à l'éditeur des calculs d'écolier. Donc, salut à toi, savant anonyme, bonze indien ou mandarin chinois, génie inconnu et mystérieux que la Grèce eût placé au rang des dieux ignorés. Salut! car tu as inventé zéro! C'est de ce rien que naquit le calcul!

(1) *Veterum mathematicorum* ATHENÆI, BITONIS, APOLLODORI, HERONIS, PHILONIS *et aliorum opera, græce et latine, nunc prima edita*, in-folio. L'Ouvrage de Sexte-Jule n'est qu'une copie des commentaires d'Æneas et d'autres auteurs plus anciens. Une traduction française des *Cestes* a été donnée dans les *Mémoires critiques et historiques sur plusieurs points d'antiquité militaire*, par GUICHARD (t. III, p. 273).

ARITHMÉTIQUE RELIGIEUSE.

Dans les établissements d'instruction pour le premier âge, dans les salles d'asile, on apprend le calcul aux enfants avec des abaques ou des bouliers; ce sont des appareils formés d'un cadre à dix tringles, sur chacune desquelles sont enfilées dix petites boules; c'est le procédé le plus élémentaire pour compter. Les Chinois se servent encore de cet appareil, qu'ils manient avec une grande dextérité et qu'ils appellent *Souan-Pan;* les Russes l'appellent *Schtote*. On en trouve différents modèles, déjà anciens, dans les galeries du Conservatoire des Arts et Métiers; quelques-uns d'entre eux, doués d'une forme complètement symétrique par rapport à un axe transversal, servent peut-être encore et servaient assurément autrefois, à certains jeux de combinaison et de hasard.

Ne dirait-on pas que la religieuse qui égrène son rosaire fait le compte de ses prières avec les lignes du boulier détachées de leur cadre et réunies en couronne? Une miniature de l'*Hortus deliciarum,* manuscrit du XIIe siècle, qui appartenait à la bibliothèque de Strasbourg, représente l'Arithmétique sous la figure d'une femme tenant à la main un chapelet à grains ou olives enfilées deux fois dans leur épaisseur; cette image est reproduite dans le dix-neuvième volume des *Annales de la Philosophie chrétienne*.

LE NOUVEAU BOULIER UNIVERSEL.

Nous avons imaginé un boulier pour l'enseignement de

Fig. 32.

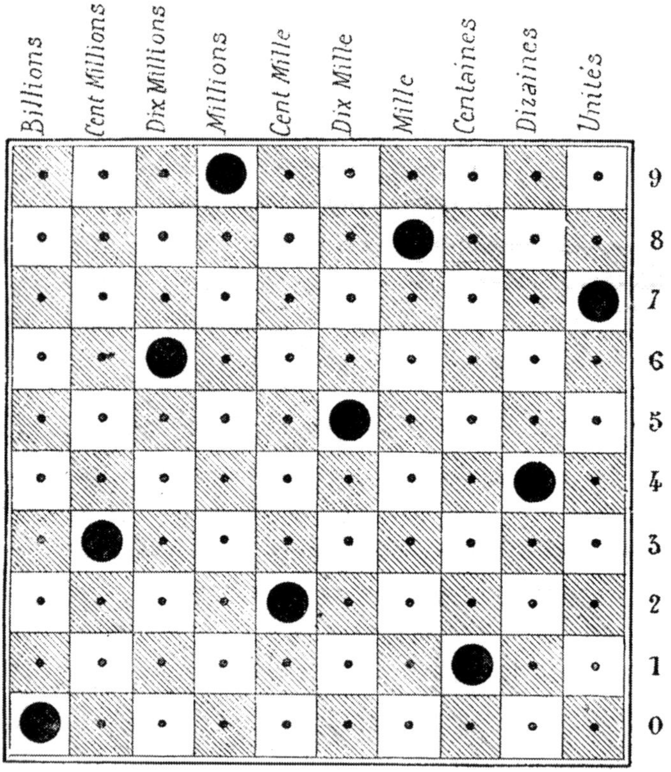

l'Arithmétique élémentaire. C'est un damier (*fig.* 32) que l'on pose verticalement; les centres des cases sont garnies de pointes dans lesquelles on peut enfiler des pions blancs ou noirs et percés en leur milieu. Ne faisons point de distinction entre les cases blanches et grises du damier; elles n'ont d'autre but que de séparer nettement toutes les cases les unes des autres, et de les compter plus facilement de deux en deux.

Au début, dix pions noirs sont placés sur les cases de la rangée horizontale inférieure. Élevons successivement le pion à la droite, en disant : un, deux, trois, quatre, ..., neuf. Nous voici au sommet de la colonne de droite, nous ne pouvons continuer; remettons ce pion à zéro dans sa colonne et élevons d'un rang le pion de la colonne des dizaines en énonçant dix; puis nous remontons à droite, en disant : dix-un, ..., jusqu'à dix-neuf, et ainsi de suite. On écrit ainsi tous les nombres avec une notation analogue à celle des notes de la musique.

Notre nouvel abaque présente de grands avantages; nous observerons d'abord que, par son orientation, les chiffres de l'abaque sont écrits dans le même sens que ceux du nombre qu'ils représentent, tandis que, dans le boulier des salles d'asile, les chiffres sont écrits de bas en haut.

Le nombre figuré sur le damier (*fig.* 32) est 0 369 258 147; il n'a rien de particulier en Arithmétique; mais, au point de vue du dessin, il est très important. C'est l'indication que donne le fabricant d'étoffes à son contremaître pour le montage du métier, lorsqu'il veut obtenir un satin carré sur dix fils de chaîne.

Notre damier peut représenter tous les nombres dans le système décimal jusqu'à dix milliards; nous observerons d'ailleurs que, pour tous les nombres qui dépassent cette limite, on peut ajouter, à gauche, des colonnes en nombre quelconque. Supposons que l'on ait accolé deux damiers semblables : on pourra ainsi représenter tous les nombres jusqu'à celui qui s'écrit avec l'unité suivie de vingt zéros, ou *cent quintillions*; mais, si l'on voulait former successivement tous ces nombres sur le tableau, en admettant que chaque mouvement additionnel ne durât qu'une seconde, il faudrait un temps supérieur à 300 millions de siècles!

Notre damier peut encore servir à expliquer le mécanisme de l'addition et de la soustraction, en écrivant les nombres avec des pions de deux couleurs.

QUATRE HOMMES ET UN CAPORAL.

Au lieu d'augmenter notre damier dans le sens horizontal, on comprend bien qu'on peut l'augmenter ou le diminuer dans le sens vertical; par conséquent, au lieu de compter les nombres par dizaines, par centaines ou groupes de dix dizaines, par mille ou groupes de dix centaines, ..., on aurait pu les compter par douzaines, par grosses ou groupes de douze douzaines, et ainsi de suite. Tout système de numération est fondé sur l'emploi d'unités de divers ordres dont chacune contient la précédente un même nombre de fois ou, en d'autres termes, sur une progression géométrique commençant à un; c'est la raison de cette progression que l'on appelle la base du système.

Déjà Aristote avait observé que le nombre quatre pourrait très bien remplacer le nombre dix comme base de la numération; Weigel publia à ce sujet, en 1687, le plan d'une *Arithmétique tétractique*. Simon Stevin, de Bruges, mort en 1633, avait aussi imaginé le système de numération duodécimale, se rapprochant beaucoup plus de notre manière de compter les mois de l'année, les heures du jour et les degrés de la circonférence; mais le changement du système actuel produirait trop d'inconvénients relativement aux petits avantages qui résulteraient du choix de la base douze. Le choix presque unanime du nombre dix, comme base de la numération, provient probablement de la conformation de la main.

De même, la plupart des unités, chez les anciens peuples, dérivent ordinairement des dimensions du corps humain : ainsi, par exemple, le doigt, le pied, le pouce, la coudée, etc. Au contraire, au XVIIe siècle, MELCHISÉDEC THÉVENOT cherchait une mesure universelle dans la régularité et dans l'égalité des alvéoles des ruchers. Les nouvelles mesures sont établies sur des bases plus stables et proviennent des rapports géodésiques, physiques, etc., comme le mètre, le pendule.

Cependant AUGUSTE COMTE a remarqué que la structure de la main, composée de quatre doigts à trois phalanges, ou de douze phalanges, permet de représenter, avec les deux pouces posés sur deux phalanges, tous les nombres jusqu'à treize fois douze ou cent cinquante-six; alors les phalanges de la main gauche représentent les unités, et celles de la main droite les *grosses*. Mais nous préférons la manière de compter sur les doigts, au temps de CHARLEMAGNE. Aussi, de cet ingénieux système, on ne reconnaît plus guère aujourd'hui que la comparaison faite par AUGUSTE COMTE, des quatre doigts et du pouce de la main, au peloton des quatre hommes et du caporal.

ARITHMÉTIQUE BINAIRE.

Nous avons dit que tout système de numération est fondé sur l'emploi d'unités de divers ordres, dont chacune contient la précédente un même nombre de fois. Ce nombre d'unités de chaque ordre, qui est nécessaire pour former une unité de l'ordre suivant, est appelé la *base* du système de numération. Cette base doit être au moins égale à *deux;* en effet, si l'on prenait *un* pour base, les unités des divers ordres seraient égales entre elles; il n'y aurait plus, à proprement parler, de système de numération et l'on reveindrait à la taille de la boulangère.

C'est à Leibniz que l'on doit la connaissance de la *numération binaire*. Dans ce système, la base est le nombre *deux*, et l'on peut écrire tous les nombres avec les chiffres 0 et 1, en adoptant cette seule convention, analogue à la convention de la numération écrite dans le système décimal, que tout chiffre placé immédiatement à la gauche représente des unités deux fois plus fortes.

Ainsi, dans ce système, les nombres deux, quatre, huit, seize, .. s'écrivent

10, 100, 1000, 10 000, ...,

et les nombres trois, cinq, onze, trente, s'écrivent

11, 101, 1011, 11110.

Notre abaque peut servir à l'explication de tous les systèmes de numération, et, en particulier, du système binaire. Couvrons d'un voile les huit rangées supérieures du damier, et formons

Fig. 33.

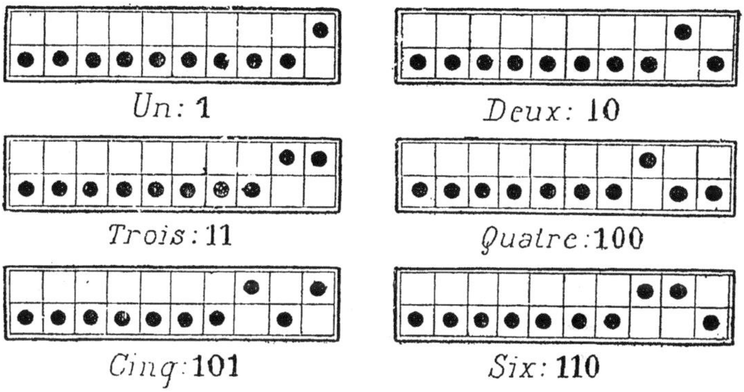

successivement les nombres dans le système binaire (*fig.* 33).

EN CHINE, DIX SIÈCLES AVANT ABRAHAM.

Le système binaire donne l'explication d'un symbole chinois, portant le nom de *Je-Kim,* ou Livre des Combinaisons, attribué à Fo-Hi, premier empereur et législateur de la Chine, qui vivait vers l'an 3000 avant notre ère, il y a près de cinquante siècles. On lui attribue l'invention de la pêche, de la chasse, de la musique, de l'écriture, du calendrier, de l'usage du fer, etc.; on lui attribue encore l'institution du mariage, mais nous ne savons pas s'il avait prévu le divorce. Quant au *Je-Kim,* il est composé de soixante-quatre petites figures, formées chacune de six lignes horizontales superposées, les unes entières, les autres brisées par le milieu. Il avait fait le désespoir des lettrés chinois et des savants européens, qui n'avaient pu parvenir à l'expliquer d'une manière satisfaisante, lorsque Leibniz, comparant les divers caractères du *Je-Kim* à la suite des nombres écrits dans le système binaire, reconnut que cette arithmétique pouvait servir à

Fig. 34.

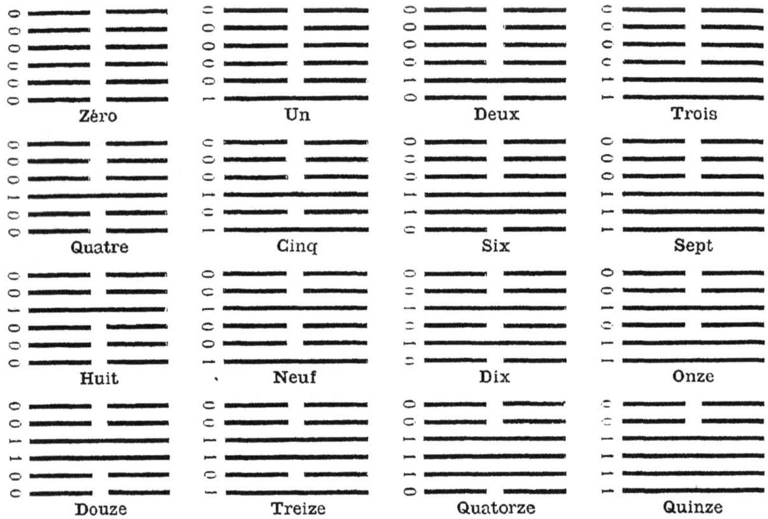

Les seize premiers caractères du *Je-Kim*.

interpréter l'énigme, et que le *Je-Kim* n'était autre chose que la suite des nombres écrits dans ce système, les traits pleins et les traits brisés représentant respectivement 1 et 0 (*fig.* 34). Nous ajouterons cependant que l'on peut aussi considérer les caractères du *Je-Kim* comme les diverses configurations d'un boulier à six tiges, avec une seule bille sur chacune d'elles; nous avons fait reproduire, au Conservatoire des Arts et Métiers, un boulier de ce genre, et nous pensons que notre explication semble plus plausible que celle de Leibniz, à cause de l'orientation des caractères. Quoi qu'il en soit, Leibniz voyait encore dans cette énigme, qu'il avait si heureusement déchiffrée, une image de la création tirée du néant par la volonté de Dieu; de même que, disait-il, tous les nombres sont engendrés dans le système binaire par le zéro et l'unité. Cette idée lui plut tellement qu'il engagea le père Bouvet, missionnaire en Chine, à la développer devant l'empereur régnant pour le convertir au christianisme. Nous ne prétendons aucunement justifier cette application de la Science aux mystères théologiques; nous la citons comme un document curieux et important de l'histoire de l'Arithmétique, et nous ajouterons que l'idée de Leibniz était une idée pythagoricienne échappée à l'imagination active de ce grand génie, et sur laquelle il n'eût sans doute pas insisté plus qu'elle ne le méritait.

LES BALANCES DE L'APOTHICAIRE.

Le système binaire présente divers avantages; alors les opérations ordinaires de l'Arithmétique sont réduites à leur expression la plus simple; la Table de Pythagore n'existe pas, en sorte que la multiplication se fait par le déplacement transversal du multiplicande. Pour la division, il n'y a aucun tâtonnement. De plus, ce système se prêterait plus naturellement que tout autre à la confection des machines arithmétiques. En outre, ce système nous a permis de trouver des nombres premiers beaucoup plus grands que ceux que l'on connaissait jusqu'à présent, et nous en avons déduit le plan d'une machine qui donnerait de très grands nombres premiers. Mais ce système est incommode à cause de la trop grande quantité de caractères qui sont nécessaires pour figurer un nombre un peu considérable.

La numération binaire trouve encore son application dans la solution du problème suivant :

Trouver une serie de poids avec lesquels on puisse faire toutes les pesées de nombres entiers de grammes, depuis 1 jusqu'à la somme des poids, cette somme étant la plus grande possible par rapport au nombre des poids.

Si l'on prend un poids de 1^{gr}, de 2^{gr}, de 4^{gr}, de 8^{gr}, ..., et ainsi de suite, en doublant jusqu'à 512, par exemple, on pourra peser tous les nombres entiers de grammes jusqu'au nombre 1023, somme de tous les précédents; car un nombre entier quelconque peut s'écrire d'une seule manière, dans tout système de numération de base quelconque et, en particulier, dans le système binaire.

Mais, chez le pharmacien, chez l'épicier, les boîtes sont composées d'une manière différente, car elles contiennent les poids

1, 1, 2, 5 grammes,
1, 1, 2, 5 décagrammes,
1, 1, 2, 5 hectogrammes,
1, 1, 2, 5 kilogrammes,

et ainsi de suite, et de même pour les sous-multiples du gramme. On voit, en effet, qu'avec les nombres 1, 2, 2, 5, on peut former, par addition, tous les nombres de 1 à 9. Ces boîtes présentent l'avantage d'être plus en harmonie avec le système de la numération décimale, et, par conséquent, l'opération de la pesée n'exige aucun effort d'esprit; mais, jusqu'à une limite quelconque, il faut moins de poids dans le système binaire que dans tout autre système.

LA NUMÉRATION TERNAIRE.

Les nombres de la progression géométrique de raison trois

$$1, \quad 3, \quad 9, \quad 27, \quad 81, \quad \ldots,$$

ont une propriété analogue, qui consiste en ce qu'en les prenant une seule fois, soit par addition, soit par soustraction, on forme tous les nombres entiers possibles. Cette propriété remarquable se démontre très simplement au moyen du système de la numération ternaire, ou de base trois, modifié par l'emploi de *chiffres de soustraction*. On convient qu'un petit trait, le signe — (*moins*) placé au-dessus d'un chiffre, comme $\bar{1}$, $\bar{2}$, $\bar{3}$, ..., exprime que le nombre indiqué par ce chiffre avec sa valeur de position doit être retranché; on peut, par ce moyen, écrire tous les nombres dans le système décimal avec les cinq premiers chiffres significatifs 1, 2, 3, 4, 5, et le caractère 0. Par exemple, six serait exprimé par $1\bar{4}$, sept par $1\bar{3}$, et ainsi de suite.

Si l'on applique cette convention au système ternaire, on arrive à écrire tous les nombres avec les signes 0, 1 et $\bar{1}$. Ainsi les neuf premiers nombres peuvent être représentés par

$$1, \quad 1\bar{1}, \quad 10; \quad 11, \quad 1\bar{1}\bar{1}, \quad 1\bar{1}0; \quad 1\bar{1}1, \quad 10\bar{1}. \quad 100.$$

On peut donc utiliser cette propriété pour la pesée en répartissant convenablement les poids de 1, 3, 9, 27, 81, ... grammes entre les deux plateaux d'une balance, pour évaluer, avec le moindre nombre possible de poids tous différents, les poids qui peuvent être exprimés en nombres entiers.

Pour l'application de ces divers procédés de la pesée, on suppose essentiellement que les deux *fléaux,* ou les deux bras de la balance, sont rigoureusement égaux en longueur; nous rappellerons ici l'ingénieux procédé qui permet de peser exactement avec une balance dont les deux fléaux n'ont pas la même longueur. Désignons par A et B les deux plateaux de la balance; en A, on met l'objet à peser, et en B, on fait la *tare,* c'est-à-dire que l'on place dans le second plateau de la grenaille de plomb, des clous, du sable, pour établir l'équilibre; alors on retire l'objet en A et on le remplace par des poids, et l'on rétablit l'équilibre.

Cette méthode de la *double pesée* est due au physicien Borda, qui a donné son nom au *vaisseau-école* de notre marine. Un vieux professeur de Physique nous disait en souriant, lorsqu'il nous développait ce procédé, que l'on avait écrit sur le tombeau de l'illustre inventeur :

Tu rides, ego fleo.

L'ÉVENTAIL MYSTÉRIEUX.

L'éventail mystérieux se compose de cartons disposés en éventail et sur lesquels on inscrit des nombres, des mots ou des noms de personnes, d'une certaine manière; il s'agit, en présentant l'éventail, de deviner le nombre ou le mot pensé par une personne. Supposons, par exemple, que l'on veuille deviner tous les nombres jusqu'à une certaine puissance de deux, jusqu'à 2^5 ou 32; on disposera tous les nombres de 1 à 31 sur cinq cartons, de la manière représentée dans le Tableau suivant.

16	8	4	2	1
17	9	5	3	3
18	10	6	6	5
19	11	7	7	7
20	12	12	10	9
21	13	13	11	11
22	14	14	14	13
23	15	15	15	15
24	24	20	18	17
25	25	21	19	19
26	26	22	22	21
27	27	23	23	23
28	28	28	26	25
29	29	29	27	27
30	30	30	30	29
31	31	31	31	31

Le premier carton, à droite, contient tous les nombres impairs, c'est-à-dire tous les nombres tels que le dernier chiffre est 1 dans le système de numération binaire; le deuxième carton contient tous les nombres dont le second chiffre à partir de la droite est 1 dans le système binaire; de même, le troisième carton contient tous les nombres dont le troisième chiffre, à partir de la droite, est 1 dans le système binaire, et ainsi de suite. On peut ainsi construire une série de cartons avec des nombres jusqu'à une limite quelconque.

Pour deviner un nombre qu'une personne a pensé, il suffit de lui présenter les cartons l'un après l'autre en lui demandant si le carton contient le nombre pensé; puis, de faire la somme des nombres écrits en tête de chacun des cartons où le nombre se trouve.

LE BAGUENAUDIER.

Bachaumont raconte qu'en 1746 les polichinelles et les arlequins, à pieds et à bras mobiles, faisaient fureur à Paris. « On ne peut plus aller, dit-il, dans aucune maison qu'on n'en trouve de pendus à toutes les cheminées. On en fait présent à toutes les femmes et filles, et la faveur en est au point que les boulevards en sont remplis pour les étrennes. » Tout le monde avait un pantin dans sa poche pour s'en amuser au spectacle ou à la promenade. D'Alembert dit à ce sujet : « La postérité aura peine à croire que des gens d'un âge mûr aient pu rechercher ces jouets ridicules avec un empressement qu'on pardonnerait à peine à l'âge le plus tendre. »

Nous allons parler ici d'un autre jeu dont on trouve des échantillons chinois fort anciens au Musée de Marine, au Louvre; c'est le baguenaudier qui servait peut-être de boulier chinois, comme transformation du *Je-Kim*, et qui sert encore aujourd'hui en Norvège pour la fermeture des bahuts et des sacs. Le baguenaudier (*fig.* 35) est un instrument de jeu formé d'anneaux enchevêtrés dans une navette, qu'il s'agit de séparer du système des anneaux. Nous conseillons l'emploi du baguenaudier de 6, 7, 8

Fig. 35.

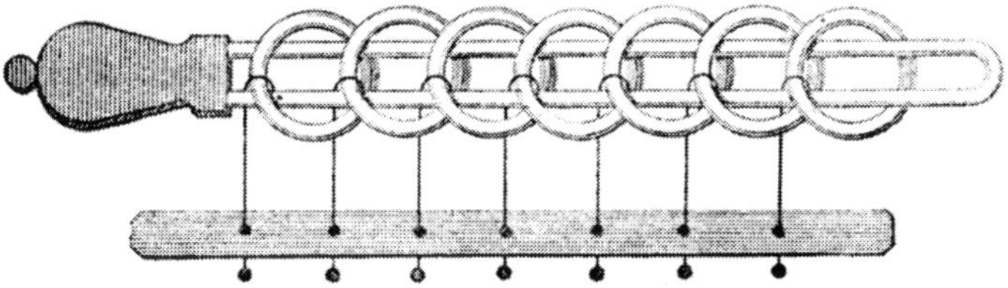

Le baguenaudier.

ou 9 anneaux; on le trouve facilement dans le commerce. Avec un plus grand nombre d'anneaux, le jeu devient absurde, car le nombre des opérations pour monter ou pour démonter le baguenaudier double continuellement par l'addition d'un anneau. On verra plus loin qu'il faudrait des milliards de siècles pour monter ou démonter complètement un baguenaudier de 64 anneaux. On voit tous les jours à Paris, sur la place Clichy, un aveugle original qui joue, non de la clarinette, mais du baguenaudier avec une dextérité surprenante.

AVENTURES EXTRAORDINAIRES D'UN MATHÉMATICIEN.

Le baguenaudier se trouve mentionné pour la première fois, je crois, parmi l'un des deux cent vingt-deux Traités de Cardan dans l'Ouvrage intitulé : *De subtilitate libri* XXI, dont la première édition parut à Nuremberg en 1550; il existe plusieurs autres éditions de cet Ouvrage, et notamment une traduction française publiée par Richard Leblanc, à Paris, en 1556, sous le titre : *Les livres d'Hieronymus Cardanus, de la Subtilité et subtiles Inventions, ensemble les causes occultes et les raisons d'icelles.*

La vie de Jérôme Cardan est l'une des plus étranges et des plus extraordinaires dont il soit fait mention dans l'histoire des Sciences; c'est un tissu d'aventures, d'extravagances, d'actions incohérentes, viles et parfois criminelles, puisqu'il en vint à assassiner un homme qui l'avait volé au jeu. Scaliger a dit de lui qu'il était supérieur à tous les hommes, mais que souvent il descendait plus bas que les petits enfants. Leibniz, qui l'a déclaré fou et insensé, n'en admirait pas moins la supériorité de son esprit. L'un des premiers, Cardan trouva la résolution de l'équation du troisième degré et démontra la formule qui porte encore son nom; il a imaginé un appareil employé dans la marine pour la suspension des boussoles, ainsi que l'appareil connu sous le nom de *joint universel.*

Né à Pavie, en 1501, il fut jeté par sa mère sur le fumier. Élevé et instruit on ne sait comment, il professa successivement la Dialectique, la Métaphysique, les Mathématiques; il exerça la médecine à Milan, de 1529 à 1550; après avoir parcouru l'Écosse, l'Angleterre, les Pays-Bas et l'Allemagne, il revint à Milan, où il vécut encore quelques années, partageant son temps entre le travail, la débauche et le jeu. Son fils aîné, médecin comme lui, empoisonna sa femme et fut décapité; son second fils tomba dans de grands désordres; il le fit incarcérer plusieurs fois, puis lui coupa l'oreille, et finalement le chassa de sa maison. Enfin, il termina son existence infortunée à Rome, à l'âge de soixante-quinze ans; il était alors pensionné par le pape Grégoire XIII. Scaliger et de Thou prétendent qu'ayant fixé lui-même l'année et le jour de sa mort, il se laissa mourir de faim pour que sa prédiction fût justifiée.

INGÉNIOSITÉ D'UN CLERC DE NOTAIRE.

En 1872, un auteur ingénieux, qui avait gardé l'anonyme, a publié une brochure de seize pages in-8°, intitulée: *Théorie du Baguenodier, par un clerc de notaire lyonnais.* Cet opuscule débute ainsi : « Lyon attire sur lui l'attention publique par son Exposition; chacun des enfants de cette grande cité doit produire tout ce qui peut plaire aux visiteurs. Ce motif décide un modeste clerc de notaire à publier ses études sur le baguenodier; le sujet est frivole, mais la théorie est neuve; de plus, elle a été imaginée à Lyon. Cet opuscule aura atteint son but s'il montre que le baguenodier est un jeu instructif. » L'auteur se livre d'abord à une discussion étymologique de laquelle il paraît résulter que l'on doit écrire le nom de l'instrument avec un *o*, puisque ce nom vient probablement de nœud (*nodus*) de bagues. Il donne ensuite une nouvelle théorie excessivement ingénieuse qui montre que la manœuvre de l'instrument revient à la loi de formation des nombres entiers dans le système de la numération binaire. Cette divination, merveilleuse comme celle de LEIBNIZ pour le Je-Kim, nous autorise à penser que le Baguenaudier est un boulier chinois dérivé du Je-Kim.

L'auteur de l'opuscule, M. Louis Gros, conseiller à la Cour d'appel de Lyon, expose une notation aussi simple qu'élégante des diverses configurations du baguenaudier, qui permet de fixer à chaque instant l'ordre du déplacement des anneaux. Tous les anneaux sont représentés, dans l'ordre de gauche à droite, par l'un des caractères o et 1, avec les conventions suivantes : Le premier anneau levé, à partir de la gauche, est désigné par 1, et les anneaux levés, situés à droite, sont alternativement représentés par o et 1, sans tenir compte, dans cette alternance, des anneaux baissés ; quant aux anneaux baissés, ils sont indiqués, à leurs places respectives, par le signe du premier anneau levé à leur gauche, et par o lorsqu'il ne s'en trouve aucun.

Ainsi, par exemple,

1 1 0 1 0 0 0

représente la position

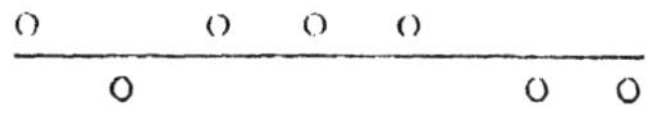

dans laquelle les anneaux 1, 2, 6 sont baissés, et les anneaux 2, 3, 4, 7 sont levés.

Du déplacement d'un anneau.

Supposons que l'on tienne horizontalement, et de la main gauche, la navette du baguenaudier complètement monté, il est facile de constater que le premier anneau peut être baissé ; pour cela, on le prend de la main droite, on tire la navette à gauche, et l'on passe l'anneau dans l'intérieur de la navette ; de cette façon, le premier anneau se trouve baissé ; on le remonte par l'opération inverse. Lorsque le premier anneau est baissé, on ne peut déplacer le second, et l'on ne peut baisser que le troisième ; on le remonte par l'opération inverse ; mais si le premier et le troisième anneau sont baissés, on ne peut en baisser aucun autre.

Dans le cas général, il résulte de la construction même du baguenaudier que le déplacement d'un seul anneau est soumis aux principes suivants :

1° Dans une position quelconque des anneaux du baguenaudier, on peut toujours baisser le premier anneau s'il est levé, ou le lever s'il est baissé ;

2° Pour qu'un anneau de rang quelconque puisse être déplacé, c'est-à-dire levé ou baissé, il faut et il suffit qu'il se trouve placé *immédiatement* à la gauche d'un anneau monté, et que celui-ci soit le seul anneau monté à la droite de l'anneau considéré.

Dans le cas où l'on ne déplace qu'un seul anneau à la fois, la marche du jeu est appelée *marche ordinaire*.

Du déplacement de deux anneaux.

Il y a exception, dans le déplacement des anneaux, pour la marche des deux premiers anneaux, qui peuvent être montés ou descendus, pris simultanément ; mais il n'existe aucun groupe de deux autres anneaux ou de plus de deux anneaux que l'on puisse faire marcher en même temps. Lorsque l'on emploie cette manœuvre simultanée des deux premiers anneaux, la marche du jeu est plus rapide ; nous l'appellerons *marche accélérée*. On peut monter ou baisser simultanément les deux premiers anneaux dans une position quelconque des autres anneaux de l'appareil ;

mais on verra facilement que si l'on doit les monter tous deux en même temps, on descend ensuite le premier.

Marche ordinaire.

La notation de M. Gros représente un nombre écrit dans le système de numération binaire.

Considérons une position quelconque du baguenaudier

```
o       o   o   o
---------------------------     110 1000;
    o               o   o
```

dans cette position, on peut passer à deux autres : la première, en élevant le premier anneau à la droite; ce qui donne

```
o       o   o   o       o
---------------------------     1101 001;
    o               o
```

la seconde, en baissant le quatrième anneau, ce qui donne

```
o       o       o
---------------------------     1100 111.
    o       o       o   o
```

Dans le premier déplacement, on a augmenté d'une unité la notation correspondante du système binaire; dans le second, on a diminué cette notation d'une unité. Il en est de même pour toute disposition des anneaux. Par conséquent, la marche ordinaire du baguenaudier correspond exactement à la formation successive de tous les nombres écrits dans la numération binaire; on monte le baguenaudier, en formant les nombres successivement à partir de zéro; on démonte le baguenaudier, en suivant l'ordre décroissant des nombres entiers. D'ailleurs, on observera que pour monter le baguenaudier, il suffit de déplacer, en commençant par la droite, le premier anneau représenté par o; pour le démonter, au contraire, il faut déplacer le premier anneau à droite représenté par le chiffre 1.

Pour résoudre le problème général du baguenaudier, qui consiste à *trouver le nombre minimum des déplacements à opérer pour passer d'une disposition donnée à une autre également donnée*, on écrit les deux dispositions dans le système binaire, on prend la différence; puis on transforme ce nombre dans le système décimal; on obtient ainsi le nombre minimum de déplacements pour passer de l'une à l'autre position.

Nombre des coups de navette.

Il est facile, d'après cela, de déterminer le nombre des coups dans la marche complète du baguenaudier de sept anneaux. Lorsque tous les anneaux sont montés, on a pour notation

$$10\ 10\ 101,$$

ou, dans le système décimal,

$$2^6 + 2^4 + 2^2 + 1 = 85.$$

Donc, il faut 85 déplacements pour monter ou démonter le baguenaudier de sept anneaux, dans la marche ordinaire. De même, pour le baguenaudier de dix anneaux, il faut 682 coups de navette, puisque l'on a

$$2^9 + 2^7 + 2^5 + 2^3 + 2 = 682.$$

En général, si l'on désigne par P_n le nombre des déplacements nécessaires pour monter ou démonter le baguenaudier de n

anneaux, on a, pour n pair et égal à $2k$,

$$P_{2k} = 2^{2k-1} + 2^{2k-3} + \ldots + 2^3 + 2 = \frac{2^{2k+1} - 2}{3},$$

et pour n impair égal à $2k + 1$,

$$P_{2k+1} = 2^{2k} + 2^{2k-2} + \ldots + 2^2 + 1 = \frac{2^{2k+2} - 1}{3}.$$

On peut réunir ces deux formules en une seule, en disant que P_n est toujours égal au plus grand nombre entier contenu dans le tiers de 2^{n+1}.

Durée de la manœuvre.

On fait sans peine 64 changements par minute; en se hâtant beaucoup, on peut arriver à 80. Mais admettons 64 comme nombre moyen,

5	anneaux	tous élevés	exigent	21	changements, soit	20ˢ
7	»	»	»	85	»	1ᵐ 20ˢ
9	»	»	»	341	»	5ᵐ 20ˢ
11	»	»	»	1365	»	21ᵐ 20ˢ
13	»	»	»	5461	»	1ʰ 25ᵐ 20ˢ

De même, 64 anneaux exigeraient

12 297 829 382 473 034 410 changements;

par conséquent, même en y travaillant sans discontinuer, il faudrait plus de trois milliards et demi de siècles pour démonter le baguenaudier de 64 anneaux.

Marche accélérée.

La marche accélérée est soumise aux règles suivantes :

1° Lorsque l'on monte le premier anneau, on doit monter en même temps le second ;

2° Lorsque l'on a monté les deux premiers anneaux, on doit ensuite baisser le premier.

Huit coups consécutifs de la marche ordinaire, de 1 à 8, de 9 à 16, ..., correspondent à six dans la marche accélérée.

Si l'on désigne par Q_n le nombre des déplacements dans le montage ou dans le démontage accéléré, on trouve, suivant que n est impair et égal à $2k+1$, ou pair et égal à $2k$,

$$Q_{2k+1} = 2^{2k} \quad \text{et} \quad Q_{2k} = 2^{k-1} - 1.$$

Même en employant la marche accélérée, il faudrait donc plus de deux milliards et demi de siècles pour monter ou démonter le baguenaudier de 64 anneaux.

LA TOUR D'HANOÏ.

Un de nos amis, le professeur N. Claus (de Siam), mandarin du collège Li-Sou-Stian, a publié en 1884 un jeu inédit et breveté, qu'il a appelé la *Tour d'Hanoï*, véritable casse-tête annamite qu'il n'a pas rapporté du Tonkin, quoi qu'en dise le prospectus.

Cette tour (*fig.* 36) se compose d'étages superposés et décrois-

Fig. 36.

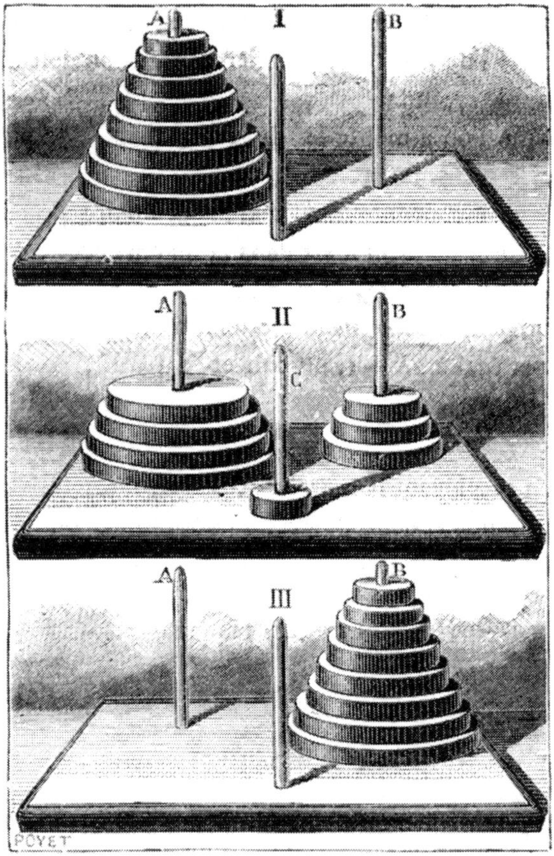

La tour d'Hanoï.

sants, en nombre variable, représentés par huit pions en bois percés à leur centre, et enfilés dans l'un des trois clous fixés sur une tablette. Le jeu consiste à déplacer la tour en enfilant les pions sur un des deux autres clous et en ne déplaçant qu'un seul étage à la fois, mais avec défense expresse de poser un étage sur un autre plus petit. Le jeu est toujours possible et demande deux fois plus de temps chaque fois que l'on ajoute un étage à la tour. En effet, si l'on sait résoudre le problème pour huit étages, par exemple, en transportant la tour du premier clou au second, on saura le résoudre pour neuf étages. On transporte d'abord les huit étages supérieurs sur le troisième clou; puis le neuvième étage sur le deuxième clou, et enfin sur celui-ci les huit premiers étages. Donc, en augmentant la tour d'un étage, le nombre des coups devient le double plus un. Ainsi :

Pour une	tour de	2	étages, il faut	3	coups, au	minimum,
»	»	3	»	7	»	»
»	»	4	»	15	»	»
»	»	5	»	31	»	»
»	»	6	»	63	»	»
»	»	7	»	127	»	»
»	»	8	»	255	»	»

A un coup par seconde, il faut plus de quatre minutes pour déplacer la tour de huit étages. Pour exécuter le transport de la tour d'Hanoï à 64 étages, il faudrait faire un nombre de déplacements égal à

18446744073709551615,

nombre des grains de blé de l'échiquier de Sessa, ce qui exigerait plus de *cinq milliards de siècles*.

Le mandarin N. Claus (de Siam) nous raconte qu'il a vu, dans ses voyages pour la publication des écrits de Fer-Fer-Tam-Tam, dans le grand temple de Bénarès, au-dessous du dôme qui marque le centre du monde, trois aiguilles de diamant, plantées dans une dalle d'airain, hautes d'une coudée et grosses comme le corps d'une abeille. Sur une de ces aiguilles Dieu enfila, au commencement des siècles, soixante-quatre disques d'or pur, le plus large reposant sur l'airain, et les autres de plus en plus étroits, superposés jusqu'au sommet; c'est la tour sacrée de Brahma. Nuit et jour, les prêtres se succèdent sur les marches de l'autel, occupés à transporter la tour de la première aiguille de diamant sur la troisième, sans s'écarter des règles fixes que nous venons d'indiquer, et qui ont été posées par Brahma. Quand tout sera fini, la tour et les brahmes tomberont, et ce sera la fin des mondes!

Nous avons tenu à développer la théorie de ce jeu curieux et original qui représente, comme le baguenaudier et le Je-Kim, la formation des nombres dans le système binaire. On simplifie la manœuvre du jeu à l'aide de cette remarque intéressante, qui a été faite pour la première fois par le neveu de l'inventeur, M. Raoul Olive, élève du Lycée Charlemagne. Le disque le plus petit tourne toujours dans le même sens de deux en deux coups; ceci permet de réussir toujours sans tâtonnements. Mais on peut compliquer le jeu en plaçant d'abord les huit étages dans un ordre quelconque sur les trois clous. En augmentant le nombre des tiges et en modifiant légèrement les règles du jeu, on obtiendrait facilement des représentations de tous les systèmes de numération. En nous servant des mêmes principes, nous avons pu trouver de nouveaux systèmes de serrures incrochetables pour la fermeture des coffres-forts.

L'industrie étrangère s'est emparée depuis peu du jeu de notre ami et de sa légende; mais nous pouvons affirmer que le tout a été imaginé, il y a une dizaine d'années, au n° 56 de la rue Monge, à Paris, dans la maison habitée alors par M. Viette, ministre de l'Agriculture, et bâtie sur l'emplacement de celle où mourut Pascal, le 19 août 1662.

Problème XLI. — le tonneau inépuisable.

Un tonneau contient cent litres de vin. On en tire un litre qu'on remplace par un litre d'eau; puis on tire un second litre du mélange, que l'on remplace par un litre d'eau, et ainsi de suite. Quelle est la quantité de vin que contiendra le tonneau après la vingtième opération?

Il reste, chaque fois, les $\frac{99}{100}$ du vin que contenait le tonneau avant qu'on retirât un litre du mélange. Par conséquent, il restait, la première fois, les $\frac{99}{100}$ de 100 litres; la seconde fois, les $\frac{99}{100}$ des $\frac{99}{100}$ de 100 litres ou les $\frac{\overline{99}^2}{\overline{100}^2}$ de 100 litres, ..., et la vingtième fois, il restait les $\frac{\overline{99}^{20}}{\overline{100}^{20}}$ de 100 litres ou $\frac{\overline{99}^{20}}{\overline{100}^{19}}$ de litre.

D'une manière générale, si le tonneau contient a litres, il reste après la $n^{\text{ième}}$ opération

$$\frac{(a-1)^n}{a^{n-1}}.$$

Problème XLII. — la marchande d'œufs.

Une femme porte au marché des œufs; elle en vend à une première personne la moitié, plus la moitié d'un œuf; à une seconde personne, la moitié de ce qui lui reste, plus la moitié d'un œuf. Après n opérations de ce genre, elle a tout vendu. Combien la marchande avait-elle d'œufs en arrivant au marché?

A la dernière personne, la marchande a vendu un œuf; à l'avant-dernière, deux œufs; à la précédente, quatre, et ainsi en remontant. Elle en avait donc en tout $2^n - 1$.

Problème XLIII. — les joueurs.

Trois joueurs conviennent qu'à chaque partie le perdant doublera l'argent des deux autres. Après trois parties perdues successivement par chacun des trois, ils se retirent chacun avec 24^fr^; *combien chacun avait-il au commencement?*

Le troisième joueur a perdu la troisième partie et doublé l'argent des deux autres. Donc, avant cette dernière partie, les deux autres avaient chacun 12^{fr} et il avait en plus les 24^{fr} qu'il leur donne. Ainsi, après la deuxième partie que le deuxième joueur perd, ils ont :

Le premier, 12^{fr}; le deuxième, 12^{fr}; le troisième, 48^{fr}.

Mais le premier et le troisième viennent de doubler leur

argent ; donc, avant cette partie, ils avaient : l'un 6^{fr}, l'autre 24^{fr}, et le deuxième joueur avait en plus les 30^{fr} qu'il est obligé de leur donner; donc, après la première partie, ils avaient :

Le premier, 6^{fr}; le deuxième, 42^{fr}; le troisième, 24^{fr}.

Et avant cette partie, le deuxième et le troisième n'avaient que la moitié de ce qu'ils ont maintenant, tandis que le premier avait en plus les 33^{fr} qu'il leur a donnés; donc, en entrant au jeu, ils ont :

Le premier, 39^{fr}; le deuxième, 21^{fr}; le troisième, 12^{fr}.

D'une manière générale, si le nombre des joueurs est n et s'ils possèdent chacun a francs après la dernière partie, on résout le problème en établissant la situation de chaque joueur après la $(n-1)^{\text{ième}}$ partie, puis après la $(n-2)^{\text{ième}}$, et ainsi de suite en remontant.

On trouve qu'ils possédaient respectivement, avant de commencer à jouer,

$$\frac{1+2^{n-1}n}{2^n}a, \qquad \frac{1+2^{n-2}n}{2^n}a, \qquad \ldots, \qquad \frac{1+n}{2^n}a.$$

Problème XLIV. — bacchus et silène.

Bacchus ayant vu Silène
Près de sa cuve endormi,
Se mit à boire sans gêne
Aux dépens de son ami.
Ce jeu dura pendant le triple du cinquième
Du temps qu'à boire seul Silène eût employé ;

Il s'éveille bientôt et son chagrin extrême
Dans le reste du vin est aussitôt noyé.
S'il eût bu près de Bacchus même,
Ils auraient, suivant le problème,
Achevé six heures plus tôt;
Alors Bacchus eût eu pour son écot,
Deux tiers de ce qu'à l'autre il laisse.
Ce qui maintenant m'intéresse
Est de savoir, exactement,
Le temps qu'à chaque drôle il faut séparément
Pour vider la cuve entière,
Sans le secours de son digne confrère.

(VINCENT.)

Vers 1848, un élève du Lycée Charlemagne, à Paris, fit la jolie réponse suivante :

Dans cette occasion Silène eut tout l'honneur.
En quinze heures Bacchus acheva la besogne;
Il n'en fallut que dix au digne précepteur;
J'en conclus qu'il était de moitié plus ivrogne.

NOTES.

NOTE I.

Discours prononcé à la Distribution solennelle des Prix du Lycée Saint-Louis, le mardi 4 août 1885, par M. Édouard Lucas, *professeur de Mathématiques spéciales.*

Chers Élèves,

Désigné par notre excellent proviseur, M. Joubin, pour prononcer le discours d'usage, j'éprouve, je l'avoue, beaucoup d'embarras. Cet honneur était le plus habituellement réservé jusqu'ici à nos collègues de Philosophie ou de Littérature, de Géographie ou d'Histoire; les sujets les plus intéressants ne leur manquaient pas, dans tous les genres, lorsqu'ils vous parlaient naguère de l'avenir ou de la liberté, de la camaraderie, des voyages et par-dessus tout des vacances. Je me vois donc obligé de vous entretenir, à mon grand regret, d'un sujet moins riant et de vous exposer quelques réflexions les unes toutes neuves, les autres déjà bien vieilles, sur le Calcul, son histoire, ses méthodes, son enseignement et ses progrès. Vous le voyez, j'ai choisi par vocation et par goût le genre ennuyeux; mais vous n'y perdrez rien qu'un peu de temps, car je serai bref.

Dans les premiers âges de l'humanité, on comptait avec des

cailloux, d'où viennent les mots *calcul* et *calculer* ; on comptait aussi en faisant des entailles sur les pierres ou sur l'écorce des arbres; c'est ainsi que l'on retrouve encore dans diverses localités des marques de chasse remontant aux époques les plus reculées. C'est le procédé le plus élémentaire pour compter, car il représente l'idée même de la formation des nombres par l'addition successive des unités. On le revoit de nos jours dans certaines industries, chez les bûcherons, et dans le commerce de détail; c'est ainsi que la boulangère marque le nombre des pains pris à crédit, dans les communes où ce genre de crédit existe encore, en faisant des coches sur deux tailles de bois accolées; prises séparément, ces deux tailles indiquent le doit et l'avoir, le compte du créancier et du débiteur. Qu'est-ce donc que la taille de la boulangère? C'est le rudiment du calcul, et c'est aussi celui de la comptabilité en partie double.

Un voyageur, qui vient de rentrer en France après avoir accompli le tour du monde, racontait dernièrement à la Société de Géographie que les naturels des îles Andaman possédaient une manière de compter tout à fait élémentaire et fort bizarre. Pour représenter les unités du premier ordre, ils se frottent le nez sur la terre autant de fois qu'il convient, et pour marquer les unités d'un ordre plus élevé, ils se tirent les oreilles; le procédé de ces peuplades restées primitives constitue déjà un progrès sur le précédent, puisqu'il contient deux ordres d'unités, les unités nasales ou de premier ordre et les unités auriculaires ou de second ordre. Mais quel singulier moyen de compter et de retenir les nombres ! il aplatit le nez, il allonge les oreilles. Nos paysans ne font guère autrement pour fixer chez les enfants le souvenir d'un événement important de leur existence, lorsqu'ils leur administrent une correction maîtresse. C'est ce qu'ils appellent frapper leur imagination.

Les anciens Tartares avaient, pour s'entendre, des *khé-mou* ou bàtonnets entaillés d'une manière convenue; ils s'en servaient pour communiquer d'une horde à l'autre. Ces bâtonnets indiquaient, en temps d'expédition, le nombre d'hommes et de chevaux que chaque campement devait fournir. Les habitants du Pérou, au temps des Incas, avaient des cordelettes nouées qu'ils appelaient *quippos;* vous pourrez en voir divers échantillons au musée ethnographique du palais du Trocadéro. Elles étaient de différentes couleurs et pouvaient se nouer et s'entrelacer de mille manières. Le nombre des nœuds, leurs dispositions, leurs enchevêtrements avec des baguettes, leurs situations sur un anneau central en métal ou en os permettaient d'exprimer beaucoup d'idées; les Péruviens étaient parvenus à produire ainsi une série de nombres très considérable. Nous observerons, en passant, que certaines personnes procèdent aujourd'hui d'une manière analogue en faisant un nœud à leur mouchoir, ou en fixant des épingles à leurs manches pour se rappeler certaines choses. Il serait bien puéril de contracter de telles habitudes et je crois que, tout compte fait, la mémoire y perdrait plus souvent qu'elle y gagnerait.

Au temps d'Héliogabale, c'est-à-dire au troisième siècle de notre ère, les Romains se servaient du procédé que nous allons indiquer sommairement pour faire connaître au loin la force d'une troupe. On y trouve en même temps le germe de la numération décimale écrite et celui de la télégraphie optique appliquée à l'art militaire. Ils préparaient trois espaces à droite, au milieu, à gauche; dans chacun d'eux ils allumaient depuis un jusqu'à neuf feux; mais ceux qui brûlaient dans l'espace à gauche désignaient des unités; ceux du centre, des dizaines, et ceux de l'espace à droite, des centaines.

Mais tous ces procédés de compter sont encore bien imparfaits, et nous voici arrivés au système digital ou calcul sur les doigts. Depuis bien longtemps ce système a été remplacé par notre système actuel de numération, et les nombres représentés à l'origine avec les doigts de nos deux mains ont été figurés avec des chiffres. On s'explique ainsi pourquoi les chiffres s'appellent encore doigts chez certains peuples, et ainsi, par exemple, en Angleterre. Le procédé digital ou calcul manuel remonte à la plus haute antiquité; il était certainement connu en Europe dès le huitième siècle et couramment enseigné vers l'an mil par le professeur d'Arithmétique que l'on appelait alors *Magister Abaci*. Il était constamment appliqué dans les calculs commerciaux et industriels, en Italie, en Sicile, en Égypte, en Syrie et dans l'Extrême Orient. Déjà on calculait admirablement sur les doigts, en Arabie, au temps de Mahomet; il est donc bien regrettable que ce procédé élémentaire ne se soit pas conservé; aussi nous recommandons cette fort intelligente manière de compter aux professeurs des institutions de sourds-muets, bien que tout le monde puisse en tirer profit. Excellent exercice pour ceux qui ne savent que faire de leurs dix doigts! Il serait intéressant d'en tenter l'expérience dans quelques écoles primaires, et nous pensons que les résultats concluraient à la supériorité de cette antique méthode sur toutes les autres. Vous en trouverez la théorie exposée dans un Ouvrage en préparation et qui paraîtra l'hiver prochain sous le titre : *l'Arithmétique amusante*.

La numération décimale parlée était connue des anciens peuples de la Grèce, mais il n'en était pas de même de la numération écrite. Cependant on trouve le germe de celle-ci dans l'immortel Ouvrage d'Archimède intitulé *l'Arénaire* ou le Dénombrement des grains de sable de l'Univers. Malheureusement, il n'a pas trouvé le zéro, que les Arabes appelaient zéphyr, d'où est venu le mot chiffre; le zéro, c'est le souffle, le petit rien d'où naquit tout le calcul. C'est aux Chinois et aux Hindous que l'on doit l'idée ingénieuse des échelles arithmétiques, de cet heureux moyen de représenter tous les nombres avec peu de signes et d'exécuter, par des opérations techniques très simples, des calculs auxquels l'intelligence humaine, livrée à elle-même, ne pourrait atteindre. C'est là, dit Condorcet, le premier exemple de ces méthodes qui doublent ses forces et à l'aide desquelles elle peut reculer indéfiniment ses limites, sans qu'on puisse fixer un terme où il lui soit interdit de parvenir.

C'est à Fo-Hi, premier empereur et législateur de la Chine, qui vivait vers l'an 3000 avant notre ère, dix siècles avant Abraham, que l'on doit le premier système de numération. On lui attribue aussi l'invention de la pêche, de la chasse, de la musique, de l'écriture, du calendrier, de l'usage du fer, etc.; on lui attribue encore l'institution du mariage, mais nous ne savons pas s'il avait prévu le divorce. Quoi qu'il en soit, on trouve dans son livre intitulé *les Mutations* une figure donnant les soixante-quatre premiers nombres écrits dans le système le plus simple de numération, le système binaire. Le jeu du baguenaudier, dont on trouve des échantillons chinois très anciens au Musée de la Marine, provient fort probablement de la pratique de ce système.

Telle est, esquissée rapidement, l'histoire des systèmes de numération qui nous montre d'une part la marche si lente mais toujours progressive de l'esprit humain; on ne saurait trop admirer, d'autre part, la perfection de cette langue des calculs dont tous les mots, tous les noms se trouvent rangés à leur place naturelle comme dans un gigantesque dictionnaire, et qui nous fait entrevoir l'infini bien autrement que les nombres ou les distances des étoiles qui se comptent et se mesurent, et sont nécessairement représentés par des nombres très grands, il est vrai, mais toujours limités.

Passons à l'enseignement du calcul. Messieurs les papas, et vous, Mesdames, bonnes et douces mamans, qui bercez vos fils sur vos genoux en soulevant pour eux les voiles de l'avenir; vous qui les voyez déjà revêtus du sérieux et brillant uniforme de l'École Polytechnique, l'épée au côté, le claque posé crânement sur l'oreille, l'air vainqueur! voulez-vous me permettre de donner un conseil dicté par une expérience déjà mûre; développez chez l'enfant le goût du Dessin et de l'Arithmétique. Il faut que, tout petit, l'enfant sache compter au moins jusqu'à vingt et joue avec les dominos, les lotos, les cailloux et les billes, ou mieux encore avec de petits cubes égaux de bois ou de pierre; car ce qu'il importe de développer avant tout, en même temps que la lecture et l'écriture, c'est le calcul mental. Mais il ne faut dans aucun cas que l'écolier apprenne du fait de mémoire les Tables d'addition ou de multiplication, ou des résultats quelconques sans les avoir obtenus directement; l'enfant doit les trouver lui-même, car son esprit est une force latente à laquelle il suffit d'imprimer et de diriger le mouvement.

Dans un Ouvrage publié en 1763 et qui a pour titre : *Essai d'Éducation nationale ou plan d'Études pour la jeunesse,* par de la Chalotais, procureur général du roi au Parlement de Bretagne, l'auteur insiste à diverses reprises sur la nécessité et sur l'utilité d'instruire les enfants par les récréations :

« Je suppose, dit-il, qu'un enfant sache déjà lire et écrire, qu'il sache même dessiner, ce que je regarde comme nécessaire, je dis que les premiers objets dont on doit l'occuper depuis cinq à six ans jusqu'à dix sont l'Histoire, la Géographie, l'Histoire naturelle, des récréations physiques et mathématiques; connaissances qui sont à sa portée, parce qu'elles tombent sous les sens, parce qu'elles sont les plus agréables et par conséquent les plus propres à occuper l'enfance. »

Et plus loin :

« C'est aux mathématiciens à trouver une route qui n'ait pas encore été frayée. On pourrait peut-être commencer par des récréations mathématiques. »

Ainsi, vous le voyez, l'enseignement des Sciences doit être gai, vivant, amusant, récréatif et non froid, imposant, solennel. Gardons notre majesté pour les fêtes universitaires.

Donc l'enfant sait compter jusqu'à vingt-neuf, en y comprenant tous les dominos et la boîte : il connaît les dix-sept mots qui servent à former leurs dénominations. Il se familiarise peu à peu avec le mécanisme de la numération, de l'addition et de la soustraction; avec quelques mots de plus, ceux de dizaine, cent, mille, million, billion ou milliard, il connaît tous les nombres jusqu'à douze chiffres; en voilà bien assez pour la pratique. Il continue en même temps les exercices de calcul mental, sur l'addition et la soustraction, en ne dépassant pas la combinaison de quatre nombres de deux chiffres ou de deux nombres de trois; vous lui montrez alors les divers artifices qui simplifient considérablement ces deux premières opérations fondamentales; on les trouve fort bien développés dans les excellents petits livres publiés récemment sur le calcul mental par mes collègues MM. Vintéjoux et Rebière.

Pour apprendre à notre écolier la multiplication, gardons-nous bien de lui faire réciter, sur un ton dolent et monotone, deux fois deux font quatre, deux fois trois font six, deux fois quatre font huit, et de lui faire défiler ainsi toute la Table de Pythagore; ce serait donner à ses facultés arithmétiques un enterrement de première classe. L'enfant doit construire la Table lui-même, et voici comment je l'enseignais à mon fils, dès l'âge le plus tendre. Vous m'excuserez de parler de lui, mais ne sommes-nous pas tous ici un peu de la même famille? Il savait déjà compter de deux en deux par les numéros des maisons de la rue. Le côté des numéros pairs, c'est la deuxième colonne de la Table, n'est-ce pas? Pour les autres colonnes, je lui faisais disposer dans l'ordre les quatre-vingt-dix boules du jeu de loto. En les retirant de trois en trois, de quatre en quatre, et ainsi de suite, il obtenait les autres colonnes qu'il inscrivait au fur et à mesure sur un grand damier. Quelques jours après, le bambin me ménageait une surprise; il avait construit tout seul une Table jusqu'à trente fois trente; ce n'était pas une merveille de calligraphie; il y avait bien quelques gros pâtés, mais il n'y avait pas d'erreurs. Un matin, à son réveil, il me demandait le produit de deux nombres de deux chiffres qu'il venait de calculer de tête; il voulait s'assurer s'il était aussi bon calculateur que papa? Il apprenait à calculer, mais trop vite; alors j'interrompis les leçons, car je ne désire pas qu'il devienne comme Henri Mondeux, le fameux pâtre de la Touraine, comme Mangiamelli ou comme Inaudi, une machine arithmétique à grosse tête. Mais il m'aura bientôt dépassé et saura calculer d'instinct, comme les hommes respirent, comme les poissons nagent, comme les oiseaux planent dans les airs.

Porté moi-même dès l'enfance vers l'étude des combinaisons arithmétiques, je réfléchissais depuis longtemps sur les simplifications que l'on peut introduire dans les calculs, lorsque j'eus le bonheur de rencontrer, il y a quelques années, un modeste employé, dessinateur principal aux chemins de fer de l'État, à Tours. M. Henri Genaille ne sort d'aucune école; il n'a ni brevets, ni grades universitaires, mais c'est un homme de génie; et si quelques personnes venaient me taxer d'exagération, je leur apporterais les témoignages des savants les plus illustres et je leur montrerais des lettres de plusieurs professeurs de l'École Polytechnique, qui le placent au rang des bienfaiteurs de l'humanité.

Ce qui distingue surtout les inventions de Genaille, c'est leur extrême simplicité; plusieurs d'entre elles viennent apporter aux calculs arithmétiques un perfectionnement considérable. Après avoir mis nos idées en commun, nous venons de soumettre au jugement du public une série de boîtes et d'appareils à calculs exacts dont le prix est insignifiant et dont l'usage se popularisera rapidement, nous osons l'espérer. La boîte de multiplicatrices se compose de onze réglettes dont on apprend le maniement en quelques minutes. On peut les permuter de plus de trois millions de manières et obtenir presque instantanément le tableau des produits d'un nombre ayant dix chiffres, au plus, par les neuf premiers nombres. Avec deux boîtes, on obtient tous les produits partiels de tous les nombres jusqu'à vingt chiffres, et si l'on voulait cataloguer tous ces résultats dans des volumes de mille pages, à cent lignes par page, il faudrait pour contenir ces volumes une centaine de millions de bibliothèques comme la Bibliothèque nationale, en supposant que celle-ci renferme dix millions de volumes! Qu'est-ce encore que l'ensemble de ces deux boîtes? c'est l'équivalent d'une Table de Pythagore sur un rouleau de papier dont la largeur n'aurait que vingt centimètres, mais dont la longueur serait immense, dont la longueur serait égale à vingt-cinq milliards de fois le tour du monde, et Genaille pourrait dire, à l'exemple d'Archimède : « Qu'on me donne ce rouleau et un point d'appui, et j'attendrai patiemment soixante millions d'années pour que le ruban s'enroule autour de la Terre par le seul effet de sa rotation. »

Ainsi se trouve résolue fort simplement la première partie de ce problème si difficile et cherché depuis bien longtemps : l'extension indéfinie de la Table de multiplication en longueur. Nous vous montrerons plus tard son extension en largeur.

Je termine ici cette leçon, la dernière de l'année scolaire; je ne veux pas retarder plus longtemps l'instant de vos triomphes, ni l'heure si désirée, mais si justement méritée par le travail, de votre repos et de votre loisir. Vous allez vous disperser aux quatre coins de la France; quelques-uns, peut-être, au delà de nos frontières. Au dedans, comme au dehors, vous apprendrez à connaître et à aimer la patrie. Donc, chers élèves, un dernier mot pour vous parler de vos devoirs envers elle et laissez-moi vous répéter ce que je dis bien souvent à mon fils; c'est *la Marseillaise des petits soldats,* par Victor de Laprade :

Tu seras soldat, cher petit,
Tu sais, mon enfant, si je t'aime!
Mais ton père t'en avertit,
C'est lui qui t'armera lui-même.

Quand le tambour battra demain,
Que ton âme soit aguerrie,
Car j'irai t'offrir de ma main
A notre mère, la patrie.

Sois fils et frère jusqu'au bout,
Sois ma joie et mon espérance,
Mais souviens-toi bien qu'avant tout,
Mon fils, il faut aimer la France.

Elle a subi le grand affront;
Mais Dieu veut qu'elle se relève :
Nos écoliers la vengeront
Et par l'esprit et par le glaive.

NOTE II.

Sur les traversées.

M. Tarry, inspecteur des contributions diverses à Alger, a modifié l'énoncé du problème des *Traversées.*

Il admet que les maris seront seuls appelés à conduire le bateau et, en outre, que les femmes ne veulent pas, si leur mari n'est pas présent, demeurer en la compagnie d'un ou de plusieurs autres hommes.

D'autre part, comme M. Tarry habite depuis longtemps l'Algérie, il a prévu le cas où l'un des maris serait musulman, c'est-à-dire polygame.

Nous donnons ci-après la solution de ces deux problèmes qu'il nous a adressés sous les titres de : *la traversée des ménages modèles* et *la traversée du polygame.*

LA TRAVERSÉE DES MÉNAGES MODÈLES.

Des maris, en nombre quelconque, se trouvent avec leurs femmes au passage d'une rivière; ils rencontrent un bateau si petit, qu'il ne peut porter plus de deux personnes. De plus, la rivière renferme une île sur laquelle on peut s'arrêter.

Les maris ne veulent pas que leurs femmes se fatiguent à conduire le bateau, soit en accompagnant une autre femme, soit en revenant seules.

De leur côté, les femmes ne veulent pas, si leur mari n'est pas présent, demeurer en la compagnie d'un autre homme, ou de plusieurs autres, soit sur les deux rives, soit dans le bateau ou dans l'île.

On demande comment toutes ces personnes traverseront la rivière.

SOLUTION.

1. — Rive 1 à rive 2..................	Ménage 1.
2. — Rive 2 à rive 1..................	Mari 1.
3. — Rive 1 à île.....................	Ménage 2.
4. — Ile à rive 1.....................	Mari 2.
5. — Rive 1 à île.....................	Maris 1 et 2.
6. — Ile à rive 1.....................	Mari 1.
7. — Rive 1 à île.....................	Ménage 3.
8. — Ile à rive 1.....................	Maris 2 et 3.
9. — Rive 1 à rive 2..................	Maris 1 et 2.
10. — Rive 2 à rive 1.................	Mari 2.

Les deux maris libres, 2 et 3, traversent la rivière; l'un d'eux reste sur la seconde rive, et l'autre ramène le bateau. Puis l'un des ménages traverse la rivière, et le mari libre passé ramène le bateau.

Par cette tactique, de deux allers et de deux retours, un ménage passe.

On la recommencera jusqu'à ce qu'il ne reste plus sur la première rive qu'un seul ménage, le $n^{\text{ième}}$.

11. — Rive 1 à rive 2.................	Maris 2 et 3.
12. — Rive 2 à rive 1.................	Mari 3.
13. — Rive 1 à rive 2.................	Maris 3 et *n*.

14. — Rive 2 à île...................... Maris 2 et 3.
15. — Ile à rive 2...................... Ménage 2.
16. — Rive 2 à île...................... Mari *n*.
17. — Ile à rive 2...................... Maris 3 et *n*.
18. — Rive 2 à île...................... Mari 3.
19. — Ile à rive 2...................... Ménage 3.
20. — Rive 2 à rive 1 .... Mari *n*.
21. — Rive 1 à rive 2................... Ménage *n*.

Ainsi, pour quatre ménages, le nombre de trajets est égal à 21, c'est-à-dire au quadruple du nombre de ménages, plus cinq unités. Or, chaque ménage en plus nécessite quatre trajets. Donc la formule est générale.

LA TRAVERSÉE DU POLYGAME.

On suppose que, dans le problème précédent, l'un des maris est polygame.

SOLUTION.

1. — Rive 1 à île...................... Ménage 1.
2. — Ile à rive 1...................... Mari 1.
3. — Rive 1 à rive 2.................. Ménage 2.
4. — Rive 2 à rive 1.................. Mari 2.
5. — Rive 1 à rive 2.................. Maris 1 et 2.
6. — Rive 2 à rive 1.................. Mari 1.
7. — Rive 1 à rive 2.................. Ménage 3.
8. — Rive 2 à rive 1.................. Maris 2 et 3.
9. — Rive 1 à île...................... Maris 1 et 2.
10. — Ile à rive 1...................... Mari 2.

Passage des ménages de la première rive dans l'île, jusqu'à ce qu'il ne reste plus sur la première rive que la famille du polygame :

11. — Rive 1 à île....................	Maris 2 et 3.
12. — Ile à rive 1....................	Mari 3.
13. — Rive 1 à île....................	Mari 3 et polygame.
14. — Ile à rive 2....................	Maris 2 et 3.
15. — Rive 2 à île....................	Ménage 2.
16. — Ile à rive 2....................	Polygame.
17. — Rive 2 à île....................	Polygame et mari 3.
18. — Ile à rive 2....................	Mari 3.
19. — Rive 2 à île....................	Ménage 3.
20. — Ile à rive 1....................	Polygame.
21. — Rive 1 à rive 2....................	Polygame et sa première femme.
22. — Rive 2 à rive 1....................	Polygame.
23. — Rive 1 à rive 2....................	Polygame et sa deuxième femme.

Le polygame va chercher successivement ses autres femmes et les amène sur la seconde rive. Ce qui exige deux trajets pour la traversée de chaque femme.

Le voyage s'achèvera en exécutant les manœuvres de la première phase, mais en sens inverses.

24. — Rive 2 à île....................	Polygame.
25. — Ile à rive 1....................	Ménage 3.
26. — Rive 1 à île....................	Mari 3.
27. — Ile à rive 1....................	Mari 3 et polygame.
28. — Rive 1 à île....................	Polygame.
29. — Ile à rive 1....................	Ménage 2.
30. — Rive 1 à île....................	Maris 3 et 2.
31. — Ile à rive 2....................	Polygame et mari 3.
32. — Rive 2 à île....................	Mari 3.
33. — Ile à rive 2....................	Maris 3 et 2.

Passage des ménages de l'île sur la seconde rive :

34. — Rive 2 à île	Mari 2.
35. — Ile à rive 2	Maris 2 et 1.
36. — Rive 2 à rive 1	Maris 3 et 2.
37. — Rive 1 à rive 2	Ménage 3.
38. — Rive 2 à rive 1	Mari 1.
39. — Rive 1 à rive 2	Maris 2 et 1.
40. — Rive 2 à rive 1	Mari 2.
41. — Rive 1 à rive 2	Ménage 2.
42. — Rive 2 à île	Mari 1.
43. — Ile à rive 2	Ménage 1.

Ainsi, pour trois ménages et un polygame à deux femmes, le nombre des trajets est égal à 43, c'est-à-dire à l'octuple du nombre des familles, augmenté du double du nombre des femmes du polygame, plus sept unités. Or chaque ménage en plus nécessite huit trajets, et chaque femme en plus du polygame deux trajets. Donc la formule est générale.

NOTE III.

Les jeux scientifiques de Lucas.

Édouard Lucas a composé des *jeux scientifiques* pour servir à l'histoire, à l'enseignement et à la pratique du calcul et du dessin.

La première série de ces jeux a seule été éditée ([1]); elle comprend :

1° La *Fasioulette* (courses du cavalier sur l'échiquier);

2° La *Pipopipette;*

3° La *Tour d'Hanoï;*

4° L'*Icosagonal* ou le *Jeu des vingt forts;*

5° L'*Arithmétique diabolique;*

6° Les *Pavés florentins du père Sébastien.*

Ces jeux, qui ont figuré à l'Exposition universelle de 1889, sont accompagnés de brochures, où se retrouve la verve humoristique de Lucas.

Nous reproduisons ici la plus courte de ces brochures, celle qui est relative à la *Pipopipette.*

La *Pipopipette* n'est autre chose que le jeu mentionné dans les *Récréations mathématiques* (t. II, p. 90), sous le nom de *Jeu de l'École Polytechnique.*

([1]) La deuxième série devait contenir des jeux arithmétiques et géométriques sur la multiplication, notamment:

Les Tablettes siamoises. — Le pauvre ermite du moulin de la Galette. — Le Désespoir d'un épicier. — La Ballade des pendus. — La Colère du charcutier. — L'Arithmétique abracadabrante.

Malheureusement la rédaction de ces jeux n'a pas même été ébauchée.

LA PIPOPIPETTE

NOUVEAU JEU DE COMBINAISONS

DÉDIÉ AUX ÉLÈVES DE L'ÉCOLE POLYTECHNIQUE

PAR UN ANTIQUE

DE LA PROMOTION DE 1861.

> Elle a été grande dès sa naissance. Vingt ans après, l'empereur Alexandre disait, au Congrès d'Aix-la-Chapelle : « C'est la plus belle des institutions que les hommes aient jamais faites. »
>
> (G. PINET. — *Histoire de l'École Polytechnique.*)

La *Pipopipette* est un nouveau jeu fort original dont les combinaisons ne laissent rien au hasard et qui peut se jouer à deux, trois, quatre personnes et plus. Sa pratique, quoique facile, donne lieu à des surprises continuelles; mais sa théorie n'est pas connue ([1]). Cependant, nous conseillons aux nombreux amateurs qui vont l'étudier et le propager, d'éviter avec soin la formation par l'adversaire des lignes en zigzag ou en marches d'escalier.

Le nombre des parties différentes, qui revient au nombre des manières de placer successivement les barrettes sur les chevilles, est immense; il est égal au produit

$$1 \cdot 2 \cdot 3 \cdot 4 \ldots 58 \cdot 59 \cdot 60,$$

puisqu'il y a soixante barrettes.

([1]) Je n'ai pas assez pratiqué le jeu pour pouvoir rien affirmer. Mais il me semble que, pour le second, la meilleure défense consiste à jouer les coups symétriques de ceux du premier joueur, tout au moins jusqu'à ce qu'on arrive à la fermeture des carrés. A ce moment, on devra parfois déroger à la règle; mais le plus souvent elle assurera, je crois, le gain de la partie. D.

IL A QUATRE-VINGT-DEUX CHIFFRES !

En énonçant ce résultat, qui nous a demandé deux minutes de calcul, nous ne pouvons nous empêcher de sourire en relisant ce passage des *Essais* de MONTAIGNE, placé en tête du Chapitre *Des vaines subtilités :* « Il est de ces subtilités frivoles et vaines, par le moyen desquelles les hommes cherchent quelquefois de la recommandation ; comme les poètes qui font des ouvrages entiers de vers commençant par une même lettre, nous voyons des œufs, des boules, des ailes, des haches, façonnées antérieurement par les Grecs avec la mesure de leurs vers, en les rallongeant ou raccourcissant, en manière qu'ils viennent à représenter telle ou telle figure; telle était la science de celui qui s'amusa à compter en combien de sortes se pouvaient ranger les lettres de l'alphabet, et y en a trouvé ce nombre incroyable qui se voit en Plutarque. »

Qu'aurait donc pensé notre philosophe, en lisant *A Town Idyll,* début poétique de Sylvester (¹), l'un des plus illustres mathématiciens de notre siècle? C'est une pièce de deux cents vers anglais, rimant continuellement en *ine* et *in*, et qui se termine par

De ces fins gestes, voilà la fin.

Quant au nombre qui se voit dans Plutarque, sur les permutations des vingt-cinq lettres de l'alphabet, il n'a que *vingt-six chiffres;* mais personne ne pourrait les compter d'une manière effective, puisqu'il ne s'est pas encore écoulé un milliard de minutes depuis le commencement de notre ère, et qu'un milliard n'est, en somme, qu'une misère; c'est le plus petit des nombres

(¹) SPRING'S DEBUT, *A Town Idyll,* In two centuries of continuous rhyme, by J. J. SYLVESTER, author of the *Laws of verse.* — Printed for private circulation only, by John Murphy, Baltimore; 1880.

de dix chiffres. Pourtant on apprend à calculer ce nombre incroyable à nos écoliers, qui n'ont même pas besoin, pour le connaître, de savoir la division. Nous donnerons une explication fort simple de ce calcul dans notre *Arithmétique diabolique.*

Montaigne ajoute : « C'est un témoignage merveilleux de la faiblesse de notre jugement, qu'il recommande les choses par la rareté ou nouvelleté, ou encore par la difficulté, si la bonté et utilité n'y sont jointes. » Témoignage de faiblesse, dit le philosophe; témoignage de souplesse et de force, répond le savant.

Lorsque les anciens, par un temps sec, frottaient un morceau d'ambre avec une peau de chat pour attirer ensuite les corps légers, ils ne se doutaient guère que ce fait, tiré de l'observation de la nature et qui n'était pour eux qu'un amusement, serait le germe des théories de l'électricité et des nombreuses applications qui étonnent l'humanité. Lorsque les géomètres de la Grèce — nommés à tort géomètres puisqu'ils ne mesuraient pas la terre mais l'arpentaient en péripatéticiens — coupaient par le travers une racine bien ronde et bien pointue, pour étudier la forme et les propriétés de la section, une *section conique,* croyaient-ils que leurs études serviraient, plus de vingt siècles plus tard, à Képler pour formuler les lois du mouvement des planètes, à Newton pour poser celles de l'attraction universelle, à Laplace pour écrire la *Mécanique Céleste* et son *Exposition du Système du Monde?*

Lorsque les prêtres de l'ancienne Perse composaient, avec les lettres du mot *Abracadabra,* cette figure mystérieuse et cabalistique, qu'ils faisaient révérer comme une divinité; lorsque les médecins du moyen-âge l'exploitaient pour leur propre compte et lui attribuaient la vertu de prévenir les maladies et même de les guérir, pensaient-ils que ce tableau symbolique serait repris un jour par Tartaglia et par Pascal, sous la forme du *Triangle arithmétique* qui est le fondement de l'Algèbre moderne ? Lorsque les mages de l'Inde construisaient avec les premiers nombres; sous le nom de *Carrés magiques*, des talismans qu'ils consacraient aux dieux et aux planètes ; lorsque Fermat, le créateur de l'Arithmétique supérieure, étudiait ces mêmes figures que Franklin désignait sous le nom de *bagatelles difficiles*, pouvait-on deviner que tous ces calculs serviraient à établir les lois de construction et de classification dans la *Géométrie du tissage?*

Laissons donc penser les penseurs, rêver les rêveurs, sans nous inquiéter de savoir si l'objet de leur attention nous paraît tantôt utile, tantôt frivole ; car *tout est dans tout*, disait le sage Anaxagore.

Mais revenons à la Pipopipette ; elle a été imaginée à l'École Polytechnique par plusieurs de mes anciens élèves de Spéciales. C'est donc avec toute justice que je suis heureux de leur dédier ce jeu, que mes éditeurs ont établi avec un grand luxe, en s'inspirant de la couverture du livre fort intéressant d'un excellent ami [1]. En la voyant, ils s'écrieront :

> Ah! saperlipopette!
> Belle Pipopipette!

mais je m'arrête là pour ne pas déplaire à la grande ombre de Montaigne, et puis aussi parce que mes facultés poétiques sont toutes petites.

Amusez-vous donc à votre jeu, étudiez-le aux heures de loisir; comme tout jeu de calcul, il contient sa méthode et son en-

[1] G. PINET, *Histoire de l'École Polytechnique*.

seignement. Mais ne vous y attardez pas et permettez à un vieux Camarade, un Antique, de vous rappeler ce précepte de Franklin :

« Ne gaspillez pas le temps; c'est l'étoffe dont la vie est faite. »

Paris, le 5 mai 1889.

Règle du Jeu.

Le jeu de la Pipopipette se compose de trente-six chevilles disposées en carré sur une planchette et de soixante barrettes, avec poignées, placées dans une corbeille.

Il se joue à deux, à trois ou à quatre personnes placées autour d'une table comme au jeu de whist; dans le cas de quatre joueurs, on peut s'associer en deux groupes, mais de telle sorte que les joueurs d'un même groupe ne peuvent jouer l'un après l'autre.

L'ordre des joueurs est déterminé par un tirage préalable; mais, pour compenser l'injustice du sort, la tournée se compose de deux parties pour deux joueurs, de trois parties pour trois joueurs, de quatre parties pour quatre joueurs, de telle sorte que chacun des joueurs commence la partie dans l'ordre déterminé par le tirage.

Chaque joueur, à tour de rôle, prend une barrette dans la corbeille et la place sur deux clous de la planchette, à l'endroit libre qu'il choisit.

Tout joueur marque un point lorsque, en plaçant sa barrette, il ferme l'un des vingt-cinq petits carrés, c'est-à-dire lorsque ce petit carré se trouve barré sur les quatre côtés.

Tout joueur qui marque un point, prend une autre barrette dans la corbeille et la place où bon lui semble; il peut ainsi marquer un second point s'il ferme encore un carré; puis un troisième, un quatrième, etc. Mais il doit passer la pose, lorsqu'il ne ferme pas de carré.

On peut garnir de petits jetons d'os, de bois, ou d'ivoire, l'intérieur des vingt-cinq carrés; dans ce cas, le joueur qui ferme un carré enlève le jeton correspondant, et la marque se fait d'elle-même par les jetons.

La partie est terminée, quand tous les carrés sont fermés. Il suffit de retourner la planchette pour faire tomber les barrettes et pour recommencer une nouvelle partie.

AUTRES PIPOPIPETTES.

Voici un autre jeu de notre invention que l'on peut exécuter sur la planchette.

Il se joue à deux personnes; la tournée se compose de deux parties commencées successivement par chacun des joueurs.

Chaque joueur, à tour de rôle, prend une barrette dans la corbeille. Au premier coup, on pose la barrette sur deux clous voisins, où l'on veut; l'autre joueur doit placer sa barrette de telle sorte que l'une des extrémités coïncide avec l'une des deux extrémités de la première barrette.

Les deux joueurs posent alternativement une barrette, à partir de l'une des extrémités du contour formé par les barrettes.

Chaque cheville ne peut porter plus de deux barrettes.

Le premier joueur qui ne peut poser sa barrette, sans enfreindre les règles précédentes, a perdu la partie.

Il y n'y a jamais de partie nulle.

Nota. — On aurait encore un autre jeu en acceptant cette convention : chaque cheville ne peut porter plus d'une barrette.

NOTE IV.

Nous reproduisons, dans cette Note finale, divers fragments relatifs aux *Récréations mathématiques*, achevant ainsi la publication de tout ce que Lucas a laissé sur ce sujet (¹).

I. — LES HUIT DAMES.

Nous avons donné, dans le premier Volume de nos *Récréations*, la solution du problème des huit reines au jeu des échecs. Il s'agit de placer huit reines ou huit pions sur les cases de l'échiquier ordinaire, de telle sorte qu'aucune des reines ne puisse être

(¹) Lucas avait l'intention de continuer la série de ses Volumes de *Récréations*, il avait même arrêté le plan des tomes V et VI :

Tome V.

I. Le Triangle arithmétique.
II. Abracadabra.
III. Le Saut du cavalier.
IV. Géométrie du tissage.
V. Carrés diaboliques.
VI. Arithmétique figurative.
VII. Jeux de ficelles.

Tome VI.

I. Le roi Dagobert.
II. Hélices paradromes.
III. Topologie.
IV. Nœuds de Tait.
V. Tchoucka-Rouma.
VI. Battements de Monge.
VII. Le Jeu des cinq dames.
VIII. Polygones étoilés et polyèdres de Günther.

On voit par les en-têtes de Chapitres, que ces nouveaux Volumes n'auraient pas été moins intéressants que les précédents. Malheureusement les titres seuls subsistent; pour la plupart de ces Récréations, il ne reste rien, pas même des notes sommaires. Quel dommage que l'œuvre de notre ami soit restée ainsi inachevée! Tous les lecteurs, nous en sommes sûrs, partageront nos regrets. D.

prise par une autre; en d'autres termes, sur huit des cases de l'échiquier, il s'agit de placer huit reines, de telle façon que deux quelconques d'entre elles ne soient jamais situées sur deux cases appartenant à une même rangée horizontale, verticale ou diagonale. Nous avons dit que ce problème a été posé vers la fin du siècle dernier, par Nauck, à l'illustre Gauss et fut l'objet d'une correspondance entre celui-ci et l'astronome Schumacher. Gauss a d'abord cru qu'il y avait 76 positions pour l'ensemble des huit reines, puis 72; enfin il s'est arrêté au nombre de 92 qui a été reconnu définitivement pour le nombre exact. Cependant la solution de Gauss était restée ignorée, même en Allemagne, et la *Schachzeitung*, journal d'échecs de Berlin, pour les années 1849 et 1854, ne donnait que 40 positions découvertes par différents amateurs.

UN MORT QUI FAIT PART DE SON DÉCÈS.

Cette même question a été publiée complètement, pour la première fois, au mois de mars 1861, par Bellavitis, professeur à l'Université de Padoue et sénateur du royaume d'Italie, décédé en 1880, à l'âge de 84 ans. Ce fut un savant très distingué auquel on doit l'intéressante et féconde méthode des *Équipollences*, pour la résolution des problèmes de Géométrie et de Mécanique. Ses principaux travaux ont été vulgarisés et publiés en France, par M. Laisant, qui vient d'en publier une nouvelle édition [1].

[1] LAISANT (C.-A.), *Théorie et applications des équipollences*. In-8, avec 73 figures; 1887 (Paris, Gauthier-Villars).

En 1877, sentant sa mort prochaine, il avait fait imprimer des lettres de faire part annonçant son décès, et avait écrit de sa main les adresses de ses amis et de ses correspondants. Mais alors la mort ne vint pas, les lettres furent rangées et ne furent envoyées que trois ans plus tard; nous avons conservé précieusement le curieux autographe qui nous était adressé.

Voici d'ailleurs le texte de la lettre de faire part :

Jeri cessava di vivere

IL PROF. GIUSTO CONTE BELLAVITIS

SENATORE DEL REGNO

La Moglie ed il Figlio dolentissimi ne danno
il triste annunzio!

Pour l'exécution de notre problème, on se sert des huit pions noirs du jeu des échecs, en leur supposant une couleur différente et une valeur égale à celle de la reine, ou encore de huit pions noirs d'un jeu de dames. La *fig.* 37 donne en A, B, C, D quatre solutions de la question ; on observera que les solutions B, C, D se déduisent de la solution A en faisant tourner l'échiquier d'un, de deux, de trois quarts de tour autour de son centre, dans le sens opposé à celui du mouvement des aiguilles d'une montre. On représente la solution A par le nombre de huit chiffres 7, 2, 6, 3, 1, 4, 8, 5; le premier chiffre 7 indique la hauteur de la reine dans la première colonne à gauche de l'échiquier; le second chiffre 2 indique la hauteur de la reine dans la seconde colonne et ainsi de suite. On retient d'ailleurs cette première position au moyen de la formule mnémotechnique suivante imaginée par M. le général Parmentier :

C'est *d*ifficile *si* *t*u *v*eux *q*ue *huit* *c*adrent;
Sept *d*eux *s*ix *t*rois *un* *q*uatre *huit* *c*inq;
7 2 6 3 1 4 8 5

La *fig.* 38 donne en A′, B′, C′, D′ quatre autres positions; ces

Fig. 37.

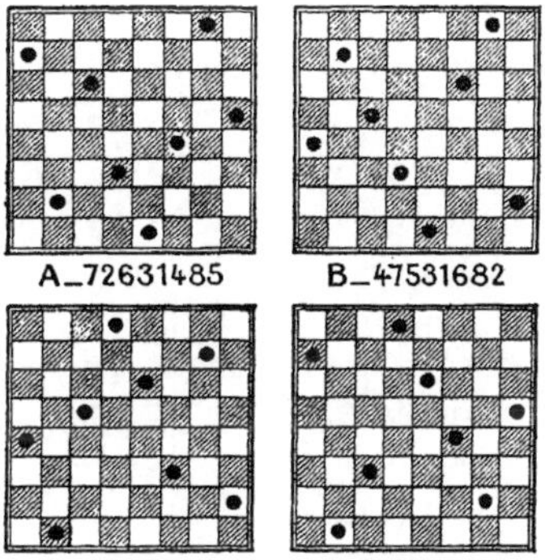

A_72631485 B_47531682
C_41586372 D_71386425

Les quarts de tours.

Fig. 38.

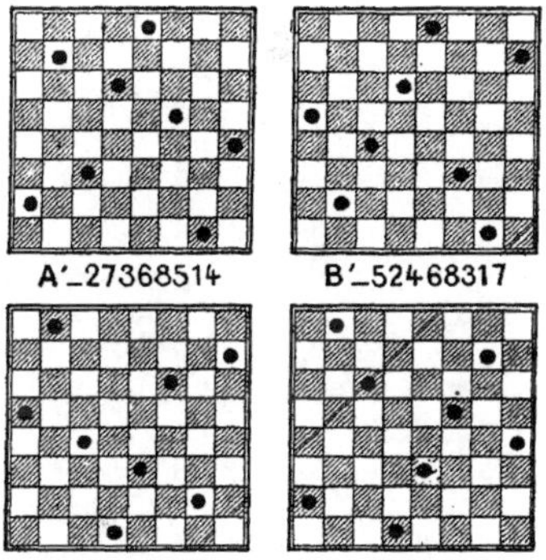

A′_27368514 B′_52468317
C′_58413627 D′_28613574

Les images.

solutions se déduisent encore les unes des autres par la rotation de l'échiquier; mais elles se déduisent encore des quatre premières en regardant les images de celles-ci dans un miroir placé sur le bord supérieur des échiquiers A, B, C, D. Ainsi, en général, la connaissance d'une solution quelconque conduit immédiatement à sept autres solutions; nous ne conserverons dans un groupe de huit positions que l'une d'entre elles que nous appellerons *solution primordiale*.

Le problème des huit reines comporte 12 solutions primordiales représentées dans la *fig.* 39; en multipliant par 8, on aurait ainsi 96 solutions; mais on observera que la solution XII

Fig. 39.

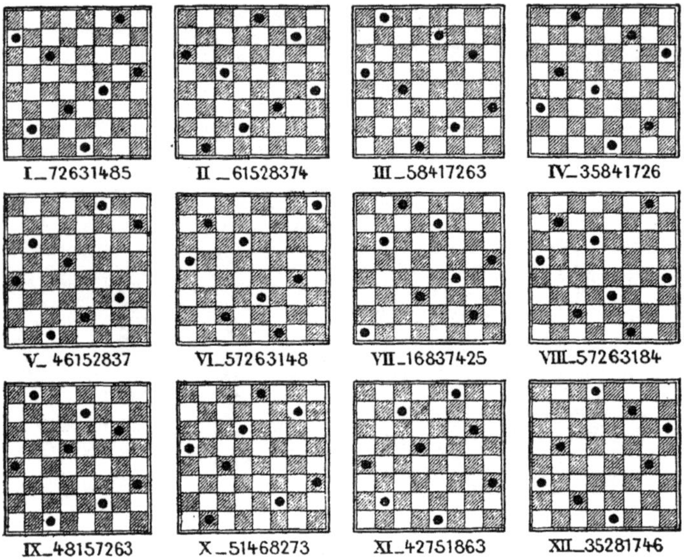

Les solutions primordiales.

n'en fournit que quatre, attendu qu'elle coïncide avec elle-même par rotation d'un demi-tour; la solution est symétrique par rapport au centre. Il y a donc 92 solutions, ni plus ni moins.

On trouve encore la solution complète du problème des huit reines dans le premier volume du *Traité de l'application de l'analyse mathématique au jeu des échecs,* par C. F. de Jænisch (Saint-Pétersbourg, 1862). Malheureusement les notations trop compliquées de l'auteur ont éloigné de son livre fort ingénieux non seulement les joueurs d'échecs, mais aussi les mathématiciens. On trouve dans cet Ouvrage la remarque suivante : « Dans toutes les positions des huit reines, quatre d'entre elles sont toujours situées sur des cases noires et les quatre autres sur des cases blanches. » Il est facile de constater cette propriété sur les diverses solutions primordiales et, par suite, pour toutes les solutions.

On peut résoudre le problème des huit reines d'une manière différente de celle que nous avons indiquée précédemment en modifiant l'énoncé comme il suit : Placer huit reines sur l'échiquier, de telle sorte qu'aucune d'elles ne puisse être prise par une autre, *en imposant à l'avance à l'une d'elles la condition d'occuper une case déterminée de l'échiquier*. C'est sous cette forme que le problème a été résolu par Cretaine, libraire, dans l'Ouvrage intitulé : *Études sur le problème de la marche du cavalier au jeu des échecs et solution du problème des huit dames* (Paris, 1865). « Ce problème amusant est parfois assez laborieux à résoudre, dit l'auteur, même quand on a la faculté de changer toutes les dames de place, mais il devient beaucoup plus difficile lorsque la position invariable de la première est déterminée. » Nous ne partageons pas ici l'opinion de Cretaine, mais nous donnerons cependant sa solution curieuse bien qu'incomplète, parce qu'elle permet de trouver de mémoire, les yeux recouverts d'un bandeau, une position des sept reines en imposant à la huitième l'occupation d'une case quelconque de l'échiquier.

Nous observerons d'abord, d'après l'article précédent, que toute case imposée peut être ramenée, par rotation ou par image de l'échiquier, dans le triangle inférieur de gauche, dont les dix cases sont désignées par l'une des lettres majuscules A, B, C (*fig.* 40); les autres cases correspondantes par rotation ou par image portant les lettres correspondantes minuscules. La solution mnémonique est comprise dans les quatre phrases suivantes :

Ton ami relit chaque fait passé.
A. — *Ma chère Anna fait la quête.*
B. — *Rien que mon fils ne le touche.*
C. — *Louis ne fait taire que mon chat.*

Voyons maintenant comment nous allons nous servir de ces phrases assez ridicules comme la plupart des phrases de la mnémotechnie. Écrivons d'abord en majuscules les consonnes sonores de la première phrase et numérotons-les comme il suit :

ToN	aMi	ReLit	CHaQue	Fait	PasSé.
1 2	3	4 5	6 7	8	9 0;

nous aurons, en ne conservant que les huit premières :

(1)	*Te*	*Ne*	*Me*	*Re*	*Le*	*Che*	*Que*	*Fe.*
	1	2	3	4	5	6	7	8.

Cela posé, nous considérons trois cas distincts, suivant que la case donnée à l'avance est marquée A, B ou C.

Premier cas. — La case donnée porte la lettre A ; on se sert de la seconde phrase en soulignant, par la pensée, les consonnes sonores et en plaçant au-dessous les chiffres correspondants du Tableau (1).

(2)	Ma	CHèRe	anNa	Fait	La	QuêTe;
	3	6 4	2	8	5	7 1.

On a ainsi la solution donnée par la notation 3, 6, 4, 2, 8, 5, 7, 1 et représentée dans la *fig.* 41. Elle correspond à la sixième

Fig. 40.

Fig. 41.

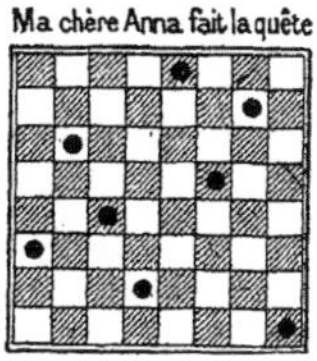

A. 36428571

Fig. 42.

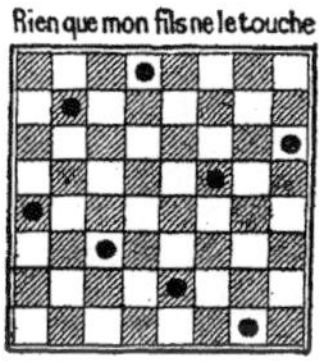

B. 47382516

Fig. 43.

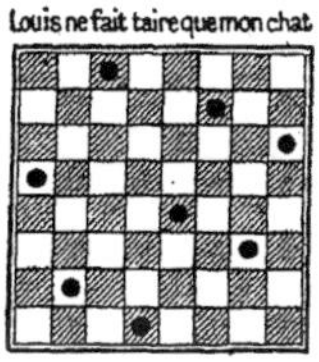

C. 52814736

solution primordiale tournée d'un quart de tour dans le sens des aiguilles d'une montre ; on observera que six des huit reines se trouvent sur des cases marquées de la lettre A ou *a* (*fig.* 40).

Deuxième cas. — La case imposée à l'avance porte la lettre B ; alors on se sert de la troisième phrase en soulignant encore les consonnes sonores et en plaçant au-dessous les chiffres correspondants de la première phrase ou du Tableau (1).

Rien	Que	Mon	Fils	Ne	Le	TouCHe;	
4	7	3	8	2	5	1	6

On a ainsi la solution donnée par la notation 4, 7, 3, 8, 2, 5, 1, 6 et représentée dans la *fig.* 42, elle correspond à la deuxième solution primordiale écrite dans l'ordre renversé. Quatre des huit reines se trouvent sur des cases marquées de la lettre B ou *b* (*fig.* 40).

Troisième cas. — La case donnée porte la lettre C. On se sert comme précédemment de la dernière phrase

Louis	Ne	Fait	TaiRe	Que	Mon	CHat;
5	2	8	1 4	7	3	6.

on a ainsi la solution ayant pour notation 5, 2, 8, 1, 4, 7, 3, 6, et représentée dans la *fig.* 43; elle correspond à la onzième solution primordiale tournée d'un quart dans le sens opposé aux aiguilles d'une montre, écrite ensuite dans l'ordre inverse. Trois des huit reines se trouvent sur des cases marquées de la lettre C ou *c* (*fig.* 40).

Avec un peu d'habitude, on peut résoudre le problème, les yeux bandés,

Et passer pour sorcier près des âmes crédules.

LES SIX QUADRILLES.

Disposer, sur quarante-huit des cases de l'échiquier, six quadrilles de huit reines, de telle sorte que les reines d'un même quadrille ne s'attaquent point; c'est-à-dire de telle sorte que les reines d'un même groupe ne soient jamais situées sur des cases appartenant à une même ligne parallèle aux bords ou aux diagonales de l'échiquier.

La *fig.* 44 contient une solution que nous avons publiée dans le *Gil Blas*; les reines de chaque groupe sont désignées par un

Fig. 44.

6		1	2	5	4		3
	3	5	4	1	2	6	
5	1		6	3		4	2
4	2	3			6	5	1
3	5	4			1	2	6
2	6		1	4		3	5
	4	2	3	6	5	1	
1		6	5	2	3		4

même chiffre 1, ou 2, jusqu'à 6; les cases vides sont disposées symétriquement par rapport au centre de l'échiquier.

Cette solution, remarquable par sa symétrie, provient de la juxtaposition des solutions portant les n°s 2, 14, 42, 51, 79 et 91 dans le Tableau général des 92 solutions du problème des huit reines (*Récréations mathématiques*, t. I, p. 79).

On peut encore proposer le problème sous la forme suivante : on prend deux jeux de piquet de trente-deux cartes; on place les sept et les huit sur les cases ombrées de la *fig.* 44; il s'agit de placer les cartes restantes de telle sorte que les huit *as*, les huit *rois*, ..., les huit *neuf*, ne soient jamais situés sur deux cases appartenant à une ligne parallèle aux bords ou aux diagonales de l'échiquier.

On obtient une autre solution, moins symétrique, en juxtaposant les solutions portant les numéros

8, 15, 43, 50, 78, 85,

ou encore les numéros

2, 13, 31, 62, 80, 91;

cette dernière solution nous a été indiquée par M. le commandant V. Coccoz.

Nous ne connaissons pas d'autre solution de ce problème; il serait assez facile de les obtenir toutes, en associant par deux les solutions du Tableau général; ainsi la solution n° 1 peut être juxtaposée à plus de trente autres; on pourra ensuite former le Tableau des combinaisons des solutions qui peuvent se juxtaposer trois à trois, puis quatre à quatre; mais nous pensons qu'on ne peut juxtaposer plus de six solutions du problème des huit reines.

II. — LES JEUX DE RUBANS.

1. *Le nœud de cravate.* — Avec la cravate, un ruban ou une bandelette de papier à bords parallèles, on fait un nœud simple et serré, sans froisser l'étoffe ou le papier, ainsi que nous l'avons représenté dans la *fig.* 45. Le trapèze ABCD est au premier plan et présente l'endroit de l'étoffe, le triangle AED et la partie BCYX

sont au second plan et présentent encore l'endroit; enfin la partie ombrée dans la figure présente l'envers.

La figure géométrique ABCDE est un pentagone dont tous les côtés sont égaux entre eux, ainsi que les angles. En d'autres

Fig. 45.

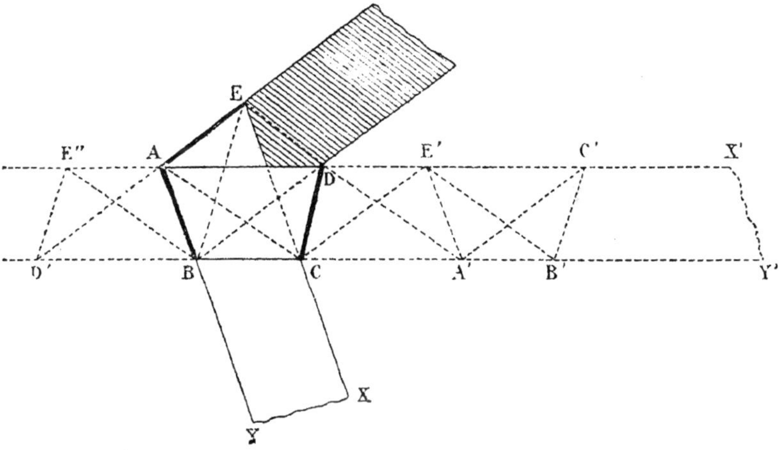

termes, c'est un pentagone régulier construit sans se servir de la moyenne et extrême raison d'Euclide. On suppose, bien entendu, que le ruban n'a pas d'épaisseur.

Cet ingénieux procédé de construction du pentagone régulier se trouve indiqué sans démonstration dans un Ouvrage d'Urbano d'Aviso, publié à Rome, en 1682, et qui a pour titre : Trattato della Sfera e Pratiche per uso di essa. *Col modo di fare la figura celeste, opera cavata dalli manoscritti del* P. Bonaventura Cavalieri. On sait d'ailleurs que c'est à Cavalieri que l'on doit l'importante méthode des indivisibles.

2. *Le nœud marin.* — Le même Ouvrage contient encore le procédé qui permet de construire l'hexagone régulier et conduit au nœud que nous appelons le nœud plat ou marin, que les Italiens appellent *nodo a gruppo piano,* et les Anglais, *loop knot.* Il faut pour cela prendre deux rubans ou deux bandelettes de papier, à bords parallèles et d'égale largeur.

3. *Les hélices paradromes.* — Cette théorie a été traitée pour la première fois par Listing dans l'Ouvrage intitulé : *Vorstudien zur Topologie,* publié à Göttingen, en 1848. Les résultats fort simples obtenus par l'auteur ont été l'unique fondement d'un laborieux Mémoire qui s'est beaucoup vendu à Vienne, il y a quelques années ; ce Mémoire avait pour objet de montrer comment on peut exécuter, sans employer le procédé trompeur de l'escamoteur ou du spirite, le célèbre tour de physique amusante qui consiste à faire un nœud avec une corde sans fin.

Prenons un long ruban étroit ou une bandelette de papier ; si l'on colle les deux extrémités réunies, sans torsion, on forme une sorte de rouleau, comme un rond de serviette ; la surface de ce rouleau a deux faces, l'une intérieure, l'autre extérieure ; le rouleau a deux bords ou deux arêtes qui correspondent aux deux bords du ruban. Si l'on coupe avec une paire de ciseaux la bandelette de papier, par une fente longitudinale à égale distance des bords, il est évident que l'on obtiendra deux autres rouleaux pareils au premier, mais de hauteur moitié moindre.

Au lieu de réunir sans torsion les deux extrémités, faisons tourner l'une des extrémités du ruban d'un demi-tour en lui appliquant *une demi-torsion;* recourbons-le et collons ensemble ses extrémités ; nous formons ainsi une surface singulière ; cette surface n'a plus qu'une seule face et une seule arête, de telle sorte que nous pouvons tracer sur le papier, d'un point quelconque de l'ancien recto à un point quelconque de l'ancien verso, un trait continu qui ne rencontre pas l'unique arête formée par les bords de la bande primitive [1].

Par suite, lorsque la bande est fendue longitudinalement par le milieu, au moyen d'une paire de ciseaux, on n'obtient pas deux bandes distinctes, mais une seule, et cette bande se trouve affectée de *deux demi-torsions,* tandis que la bande primitive était affectée d'une seule.

D'une manière plus générale, si l'on a fait n demi-torsions avant de réunir les extrémités du ruban, il y a deux cas à considérer :

Lorsque n est un nombre pair, la surface a encore deux faces et deux liserés formant chacun un circuit fermé; si l'on coupe le ruban dans sa longueur, il se trouve divisé en deux autres possédant chacun n demi-torsions, comme le ruban primitif; mais les deux demi-rubans ne peuvent être séparés l'un de l'autre et se trouvent noués $\frac{1}{2} n$ fois.

Lorsque le nombre n des demi-torsions est impair, la surface ne présente qu'une seule face et qu'un seul liseré; si l'on coupe le ruban dans sa longueur, le ruban reste unique avec $2n$ demi-torsions et, pour $n > 1$, il est *noué.*

Au lieu de faire une seule coupe longitudinale du ruban, on peut en faire deux, trois, ..., et l'on obtient d'autres résultats.

(1) L'étude de la surface à une seule face que l'on obtient en supposant que la largeur de la bande augmente indéfiniment est excessivement intéressante et instructive; mais ici nous devons la laisser de côté.

III. — LE CARRÉ MAGIQUE DE LA VILLA ALBANI.

M. Catalan a publié dans le journal *Mathesis* de MM. Mansion et Neuberg (t. I, p. 151), une curieuse inscription (*fig.* 46) qu'il a découverte à Rome, en 1881.

Fig. 46.

QVADRATVS MAXIMVS.

15	58	29	34	63	49	74	41	6
7	27	31	81	23	76	80	18	26
38	8	30	71	47	20	21	78	56
73	19	25	42	10	33	50	65	52
22	55	72	1	45	60	28	16	70
79	35	39	66	2	48	17	24	59
14	64	69	12	77	3	51	68	11
46	36	61	53	40	43	4	54	32
75	67	13	9	62	37	44	5	57

LECTOR SI DOCTVS ADMIRATOR SI IGNARVS SCITO
QVADRATVS HIC MATHEMATICE CONSTRVCTVS
AB VNO VSQVE AD OCTOGINTA VNVM 3321 VNITATES
INCLVDIT QVÆLIBET IPSIVS COLVMNÆ TAM IN LINEA
PLANA QVAM IN RECTA ET TRANSVERSALI VNITATES
369 QVÆ DVCTÆ PER NOVEM EASDEM 3321 VNITATES

RESTITVVNT ET APPELLATVR MAXIMVS QVIA MAXIMAM
POSSIDET EXTENSIONEM VALE
CAIETANVS GILARDONVS ROMANVS PHILOTECHNOS
INVENTOR A. D. MDCCLXVI.

Sur la demande de M. Catalan, M. le prince B. Boncompagni avait fait copier cette inscription qui se trouve sur une table rectangulaire de marbre, fixée dans la paroi, en face de la première rampe de l'escalier du palais de la villa Albani, actuellement possédée par M. le prince Torlonia, hors de la porte Salaria. (*Note communiquée par M. le prince B. Boncompagni.*)

IV. — CUBE MAGIQUE DE FERMAT.

Nous avons publié dans *Mathesis* (t. II, p. 245) un cube magique inédit donné par Fermat; ce cube magique donné avec les soixante-quatre premiers nombres est le suivant (*fig.* 47) :

Nous reproduisons ci-dessous l'analyse de ce cube, d'après M. le commandant V. Coccoz, qui est d'une très grande compétence sur la question des figures magiques. Si l'on place les unes au-dessus des autres les quatre tranches de la *fig.* 47, les nombres de 1 à 64 occupent les soixante-quatre centres de cubes égaux; la somme des quatre termes d'une rangée quelconque horizontale ou verticale est constamment égale à 130; de plus, toutes les tranches horizontales sont des carrés magiques, car la somme des éléments d'une même diagonale est encore égale à 130; enfin, quatre tranches parallèles et verticales, les tranches de front, sont aussi des carrés magiques.

On peut obtenir une solution générale de ce problème, en la déduisant d'une solution particulière d'un carré magique de huit, à compartiments égaux, obtenu par lettres analogues et bandes

Fig. 47.

4	62	63	1
41	23	22	44
21	43	42	24
64	2	3	61

Première tranche

53	11	10	56
32	34	35	29
36	30	31	33
9	55	54	12

Deuxième tranche

60	6	7	57
17	47	46	20
45	19	18	48
18	58	59	5

Troisième tranche

13	51	50	16
40	26	27	37
28	38	39	25
49	15	14	52

Quatrième tranche

interrompues. Nous emploierons la notation de Sauveur; elle comprend des couples égaux de premières lettres

$$a + A = b + B = c + C = d + D,$$

et de secondes lettres

$$p + P = q + Q = r + R = s + S;$$

les unes représentent les termes de la progression arithmétique de raison *un*

$$1, 2, 3, 4, 5, 6, 7, 8,$$

et les autres représentent les termes de la progression arithmétique de raison *huit*

$$0, 8, 16, 24, 32, 40, 48, 56.$$

La *fig.* 48 est formée de quatre carrés; si l'on rapproche ces carrés, on forme un carré magique de huit, car dans chacune des huit lignes horizontales, des huit colonnes verticales et dans

Fig. 48.

as	AR	AQ	ap
Cp	cQ	cR	Cs
cS	Cr	Cq	cP
AP	aq	ar	AS

Premier carré

BS	br	bq	BP
dP	Dq	Dr	dS
Ds	dR	dQ	Dp
bp	BQ	BR	bs

Deuxième carré

As	aR	aQ	Ap
cp	CQ	CR	cs
CS	cr	cq	CP
aP	Aq	Ar	aS

Troisième carré

bS	Br	Bq	bP
DP	dq	dr	DS
ds	DR	DQ	dp
Bp	bQ	bR	Bs

Quatrième carré

Les quatre tranches horizontales d'un cube magique.

chacune des deux diagonales, les premières et les secondes lettres se trouvent par couples; par conséquent, la somme est constante pour les dix-huit lignes.

Séparons maintenant les quatre carrés et cherchons les conditions pour qu'ils soient magiques et donnent une même somme constante. Les lignes verticales et les diagonales de ces carrés vérifient cette condition; pour qu'il en soit de même des horizontales, il faut et il suffit que les secondes lettres vérifient l'égalité

$$p + s + Q + R = P + S + q + r,$$

ce qui peut se faire de vingt-quatre manières différentes.

Les quatre carrés étant magiques, plaçons-les les uns au-dessus des autres, sans changer leur orientation, et dans l'ordre numérique, le premier carré étant au-dessus. Nous formons ainsi un cube dont les tranches horizontales sont des carrés magiques.

Étudions maintenant les tranches de profil ; la première tranche de profil à partir de la gauche se compose des quatre premières colonnes à gauche des quatre carrés (*fig.* 48) ; la seconde tranche de profil se compose des quatre secondes colonnes des quatre carrés, et ainsi de suite.

Le rabattement de ces tranches donne les quatre carrés suivants (*fig.* 49).

Fig. 49.

as	BS	As	bS
Cp	dP	cp	DP
cS	Ds	CS	ds
AP	bp	aP	Bp

Première tranche

AR	br	aR	Br
cQ	Dq	CQ	dq
Cr	dR	cr	DR
aq	BQ	Aq	bQ

Deuxième tranche

AQ	bq	aQ	Bq
cR	Dr	CR	dr
Cq	dQ	cq	DQ
ar	BR	Ar	bR

Troisième tranche

ap	BP	Ap	bP
Cs	dS	cs	DS
cP	Dp	CP	dp
AS	bs	aS	Bs

Quatrième tranche

Les quatre tranches de profil d'un cube magique.

Pour que ces carrés soient magiques, il faut et il suffit que les premières lettres vérifient l'égalité

$$a + d + \mathrm{B} + \mathrm{C} = \mathrm{A} + \mathrm{D} + b + c,$$

ce qui peut encore se faire de vingt-quatre manières différentes.

Par cette méthode, on obtient ainsi 24×24 ou 576 cubes magiques. Pour les cubes ainsi construits, la tranche diagonale passant par l'arête horizontale antérieure et inférieure, et par l'arête horizontale postérieure et supérieure, est encore le carré magique suivant (*fig.* 50).

Fig. 50.

as	AR	AQ	ap
dP	Dq	Dr	dS
CS	cr	cq	CP
Bp	bQ	bR	Bs

Tranche diagonale du cube.

Pour reproduire le cube magique de Fermat, il faut donner aux premières lettres les valeurs

$$\begin{array}{cccccccc} a, & b, & c, & d; & D, & C, & B, & A; \\ 0, & 8, & 16, & 24; & 32, & 40, & 48, & 56; \end{array}$$

et aux secondes lettres, les valeurs suivantes :

$$\begin{array}{cccccccc} p, & q, & r, & s; & S, & Q, & R, & P; \\ 1, & 2, & 3, & 4; & 5, & 6, & 7, & 8. \end{array}$$

V. — UN CARRÉ MAGIQUE A ENCEINTES DE FERMAT.

Ce carré n'a que trois enceintes et 14 cases de côté (*fig.* 51).

Dans la Note V du tome IV des *Récréations mathématiques*, nous avons donné un autre carré à cinq enceintes ayant 22 cases de côté. Fermat n'avait envoyé au P. Mersenne que les 144 nombres

Fig. 51.

1	2	185	186	5	6	7	190	191	192	11	194	195	14
15	16	26	25	24	177	176	175	174	173	172	171	27	28
42	156	31	165	159	34	35	162	37	164	158	40	167	29
56	142	152	46	52	149	148	147	146	47	53	45	153	43
57	128	59	130	61	135	134	63	132	66	137	68	139	70
71	125	73	123	122	76	120	119	79	75	116	82	114	84
85	111	96	100	108	107	91	92	90	103	102	87	100	98
112	97	110	95	89	93	105	106	104	94	88	101	86	99
126	83	115	81	80	118	77	78	121	117	74	124	72	113
140	69	138	60	131	62	64	133	65	136	67	129	58	127
141	55	54	144	150	51	50	49	48	145	151	143	41	154
168	41	157	32	33	160	161	36	163	38	39	166	30	155
182	170	180	179	178	23	22	21	20	19	18	17	181	169
183	184	3	4	187	188	189	8	9	10	193	12	13	196

de l'intérieur du carré, les cinq enceintes extérieures ont été reconstituées par M. le commandant Coccoz.

Le carré magique de la *fig.* 51, moins compliqué, reste magique après l'enlèvement des deux premières enceintes, puis des deux suivantes.

VI. — LE SAUT DU CAVALIER (¹).

LE PROCÉDÉ DE COLLINI.

Collini, qui fut secrétaire intime de Voltaire et de l'Électeur Palatin, a publié en 1773, à Mannheim, chez Tobie Lœffler (*au*

Fig. 52.

a	b	c	d	a	b	c	d
c	d	a	b	c	d	a	b
b	a	a'	b'	c'	d'	d	c
d	c	c'	d'	a'	b'	b	a
a	b	b'	a'	d'	c'	c	d
c	d	d'	c'	b'	a'	a	b
b	a	d	c	b	a	d	c
d	c	b	a	d	c	b	a

Chandelier d'Or), une brochure ayant pour titre : *Solution du problème du cavalier au jeu des échecs*, par M. C***. On y trouve une méthode fort simple pour tracer des circuits sur l'échiquier ordinaire, ainsi que des routes entre deux cases quelconques, de couleurs différentes, désignées à l'avance. Cette méthode a été analysée par von der Lasa dans la *Berliner Schachzeitung* de 1847 et perfectionnée par le major de Jænisch dans son *Traité des*

(¹) Cet article fait suite à celui que nous avons inséré dans les *Récréations mathématiques* (t. IV, p. 205). Il est, en grande partie extrait de la brochure qui accompagne le jeu appelé par Lucas *la Fasioulette*.

applications de l'Analyse mathématique au Jeu des Échecs (t. II, p. 62; Saint-Pétersbourg, 1862).

On divise l'échiquier en deux parties, l'une formée d'un carré central de seize cases et l'autre par une bordure de deux cases de largeur (*fig.* 52). On peut réunir les douze cases en bordures désignées par une même lettre, par un circuit partiel en zigzag,

Fig. 53.

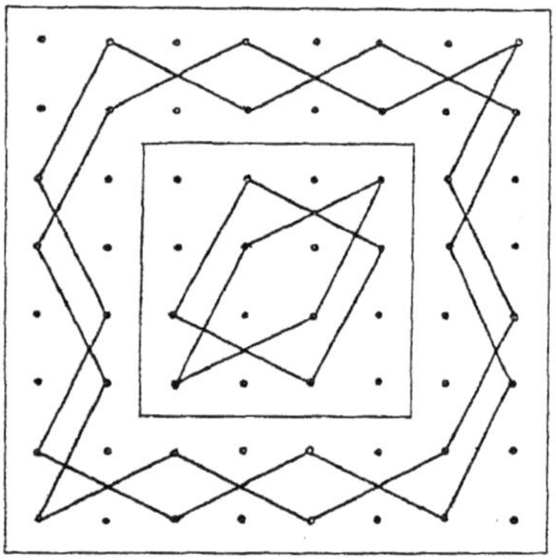

et les quatre cases de même nom dans le carré central, par un circuit partiel ayant la forme d'un carré ou d'un losange. La *fig.* 53 représente deux circuits partiels extérieurs, que nous désignerons par a et b, et deux circuits intérieurs que nous désignerons par a' et b', et de même pour les autres circuits.

Le cavalier peut passer d'un circuit extérieur quelconque à l'un des trois circuits intérieurs de dénomination différente; ainsi l'on pourra trouver facilement, de plusieurs manières, quatre routes sur seize cases, telles que

$$ab', \quad bc', \quad cd', \quad da',$$

en soudant le circuit extérieur à un circuit intérieur de désignation différente, par un trait unique, et en supprimant un trait de fermeture dans chacun des circuits. Ensuite on réunit ces quatre routes de bien des manières différentes et l'on obtient des courses et des circuits sur l'échiquier.

On place donc le cavalier sur une case quelconque d'une route de bordure, par exemple; lorsque le cavalier a visité les douze stations de la route, il peut sauter sur une case de l'une des trois routes intérieures qu'il parcourt dans un sens quelconque; puis il revient sur une route de ceinture, et ainsi de suite. En entrant dans l'une quelconque des huit routes, le cavalier peut la parcourir dans un sens quelconque, excepté s'il commence par la case conjuguée d'un coin de l'échiquier; alors il doit passer immédiatement par ce coin, car on ne pourrait continuer le mouvement dans l'autre direction. D'ailleurs, si l'on était arrêté en atteignant l'extrémité de l'un des quatre circuits de bordure, on reprendrait le circuit dans le sens opposé, ou bien on le remplacerait par un autre.

On peut ainsi obtenir des figures d'une forme spéciale, que l'on désigne sous le nom de *Carrousel du cavalier*, car ces courses rappellent fidèlement la figure du carrousel qui est connu en équitation sous le nom de *la mêlée*.

LE PROCÉDÉ DE CICCOLINI OU DES QUATRE QUARTIERS.

Une élégante méthode consiste à diviser l'échiquier en quatre quartiers par les deux médianes. Elle nous paraît avoir été exposée pour la première fois par Ciccolini, dans un Ouvrage ayant pour titre : *Del cavallo degli scacchi* (Paris, 1836) ; l'auteur établit qu'il a obtenu cinq circuits par cette méthode, et donne plus de 300 formules numériques. Nous ne connaissons d'ailleurs cet Ouvrage que par le titre et le résumé précédent qui se trouvent dans l'*Introduction pratique du jeu des échecs*, publiée en 1849 par Q. Poirson-Prugneaux.

Cependant on connaissait des courses plus anciennes par la méthode des quartiers ; ni symétriques, ni rentrantes, elles sont dues à un anonyme anglais, F. P. H., et ont été imprimées sans commentaire, à la suite de la sixième édition des *Studies of Chess* de P. Pratt (Londres, 1825). Cette méthode se trouve ensuite exposée par Ch. de Lavernède dans les Mémoires de l'Académie royale de Gand pour 1839.

Un Mémoire de quatre pages sur le même sujet a été publié par le Dr Roget dans le *London and Edinburgh Magazine*, en 1840. La même méthode a été développée par Tomlinson dans les *Amusements in Chess* (Londres, 1845), par Troupenas dans le *Palamède* de 1842, par von der Lasa dans la *Schachzeitung* de 1847, par M. de Polignac dans les *Comptes rendus* de l'Académie des Sciences de Paris (1861), par de Jænisch, par M. de Chambure dans les *Mémoires de l'Institut égyptien* (Paris, 1862). Cet auteur se sert de quatre couleurs ; les développements de la méthode sont agréables à l'œil, mais peu aisés à placer dans la mémoire ; les circuits qu'il donne sont des chefs-d'œuvre de difficulté vaincue.

Les méthodes de Lavernède et de Collini sont clairement exposées dans l'Ouvrage déjà cité de Cretaine ; elles sont principalement dirigées dans le sens de l'exécution du problème du cavalier, sans voir l'échiquier, par des procédés mnémoniques.

Fig. 54.

a	b	c	d	a	b	c	d
c	d	a	b	c	d	a	b
b	a	d	c	b	a	d	c
d	c	b	a	d	c	b	a
a	b	c	d	a	b	c	d
c	d	a	b	c	d	a	b
b	a	d	c	b	a	d	c
d	c	b	a	d	c	b	a

Ainsi donc, l'échiquier est divisé en quatre quartiers ou carrés

Fig. 55.

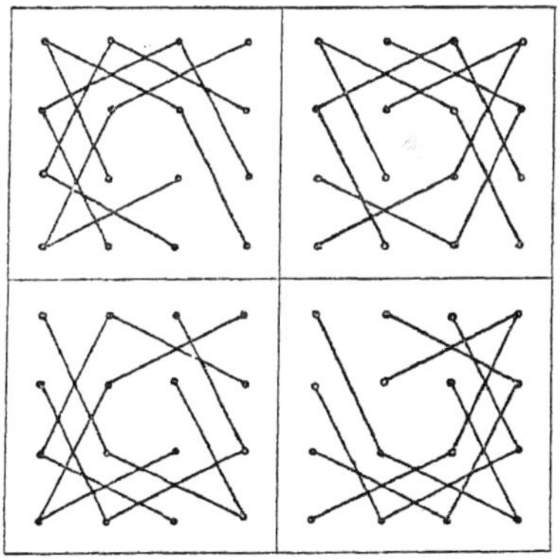

de seize cases, par les deux médianes. On peut réunir les seize cases d'un quartier affectées de la même lettre (*fig.* 54) par les côtés de deux carrés et de deux losanges n'ayant aucun sommet commun, et former ainsi quatre circuits partiels, comme dans le carré central du procédé de Collini (*fig.* 55).

En réunissant les losanges qui portent la même lettre d'après la *fig.* 54 et en opérant de même pour les carrés, on formera quatre circuits partiels; il ne reste plus qu'à souder ces circuits par le procédé dû à Bertrand (de Genève), et qui repose sur ce principe : soit une chaîne ouverte, parcourant successivement les cases A, B, C, D, E, F, G, H, I, J, K, L, et désignons par A et L les extrémités de la chaîne; si une case D, autre que l'avant-dernière K, est à une distance du saut de cavalier de la dernière L, on peut remplacer DE par DL et la chaîne devient

ABCDLKJIHGFE;

la seconde partie de la chaîne étant parcourue dans le sens inverse.

Il en serait de même si une case autre que la seconde communiquait avec la première. On peut donc modifier des chaînes sans les détruire entièrement.

Quant au nombre des courses ou des circuits que l'on peut obtenir par la méthode précédente, voici ce qu'en dit L. de Lavernède : « Je me suis occupé du nombre de solutions dont le problème est susceptible et, quoique mon travail à cet égard ne soit pas terminé, je crois pouvoir affirmer qu'en mettant cinquante marches par page, il faudrait plus de dix mille rames de papier pour les écrire toutes. »

MODIFICATION DE JÆNISCH.

Jænisch a observé que l'on peut diviser l'échiquier (*fig.* 54) en deux parties : l'une formée d'un carré quelconque de quatre cases contiguës *a*, *b*, *c*, *d*, et l'autre formée des cases restantes. On prendra pour origine l'une des cases du petit carré et l'on tracera quatre circuits partiels sur les cases de même dénomination ; on soudera ces circuits par le procédé Bertrand. Cependant le petit carré ne peut être accolé à un des coins de l'échiquier, car les quatre courses partielles ne peuvent plus être toutes rentrantes.

Dans la méthode de Collini et de Jænisch, comme dans celles de Vandermonde, on divise l'échiquier en quatre parties telles que chacune d'elles puisse être parcourue circulairement par un cavalier; mais si le système de Vandermonde est beaucoup plus étendu et plus propre à fournir des circuits symétriques, le procédé de Collini est si facile dans son exécution, qu'un amateur pourrait trouver sans peine, les yeux fermés, des circuits ou des routes d'extrémités données. C'est à cela, peut-être, que se réduit le fameux secret des brahmes de Bénarès dont M. Solvyns déclarait être également en possession, et en vertu duquel il s'engageait à improviser quinze solutions à l'heure [1].

[1] Sylvons, *Application de l'Analyse au saut du cavalier du jeu des échecs*. Bruxelles, 1856. (Sylvons est l'anagramme de Solvyns.)

MÉTHODES DE VANDERMONDE.

La *première méthode* se fait au moyen du guide représenté dans la *fig.* 56.

Règle I. — Partir d'un coin de l'échiquier, parcourir seize

Fig. 56.

1	5	9	13	4	3	2	1
2	6	10	14	8	7	6	5
3	7	11	15	12	11	10	9
4	8	12	16	16	15	14	13
13	14	15	16	16	12	8	4
9	10	11	12	15	11	7	3
5	6	7	8	14	10	6	2
1	2	3	4	13	9	5	1

cases portant des numéros différents et parvenir au coin opposé (*fig.* 57).

En opérant ainsi pour les quatre coins, on obtient quatre marches symétriques de seize cases et, par la superposition, on trouve une *double chaîne fermée possédant la symétrie tournante.*

Paul de Hijo a donné [1] la liste complète des doubles chaînes

(1) PAUL DE HIJO, *Le problème du cavalier des échecs,* d'après les méthodes qui donnent la symétrie par rapport au centre, Ouvrage contenant plus de quatre cent treize mille parcours du cavalier (Metz, 1882).

que l'on peut obtenir par ce procédé. Il y a 150 de ces figures et leurs symétriques, en nombre égal.

Fig. 57.

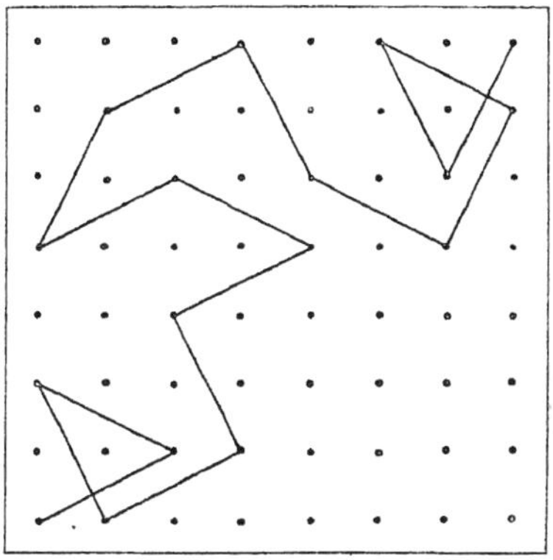

Règle II. — Partir d'un coin de l'échiquier, parcourir seize cases portant des numéros différents et revenir au point de départ.

En opérant ainsi pour les quatre coins, on trouve, par la superposition, une *quadruple chaîne fermée possédant la symétrie tournante.*

Paul de Hijo (pseudonyme d'un savant mathématicien) a donné la liste de ces quadruples chaînes. Il y en a 140 et leurs symétriques en nombre égal.

Les doubles chaînes et les quadruples chaînes peuvent encore être réunies par le procédé des soudures.

La *deuxième méthode* de Vandermonde se fait au moyen du guide représenté dans la *fig.* 58.

Règle I. — Partir d'un coin de l'échiquier, parcourir seize cases portant des numéros différents et parvenir au coin opposé.

En opérant ainsi pour les quatre coins, on obtient une *double chaîne symétrique par rapport aux deux médianes* et par rapport au centre de l'échiquier, Paul de Hijo (pseudonyme d'un charmant abbé de nos amis) a donné la liste complète des doubles

Fig. 58.

1	2	3	4	4	3	2	1
5	6	7	8	8	7	6	5
9	10	11	12	12	11	10	9
13	14	15	16	16	15	14	13
13	14	15	16	16	15	14	13
9	10	11	12	12	11	10	9
5	6	7	8	8	7	6	5
1	2	3	4	4	3	2	1

chaînes à double symétrie médiane; il en a trouvé 378 différentes. Il faut ensuite multiplier ce nombre par quatre, pour les avoir toutes, avec leurs symétriques.

Règle II. — Partir d'un coin de l'échiquier, parcourir seize cases portant des numéros différents et revenir au point de départ (*fig.* 59).

En opérant ainsi pour les quatre coins, on obtient quatre figures symétriques et la superposition donne une *quadruple chaîne symétrique par rapport aux deux médianes.*

Paul de Hijo a donné la liste complète des quadruples chaînes à double symétrie médiane; il en a trouvé 301, nombre qu'il faut multiplier par quatre pour les avoir toutes avec leurs symétriques.

Nous engageons nos aimables lectrices à s'exercer, en suivant pas à pas les quatre règles données par les deux méthodes de Vandermonde; l'exécution en est facile et le résultat donne toujours un joli dessin, dont le motif central contient des carrés, des

Fig. 59.

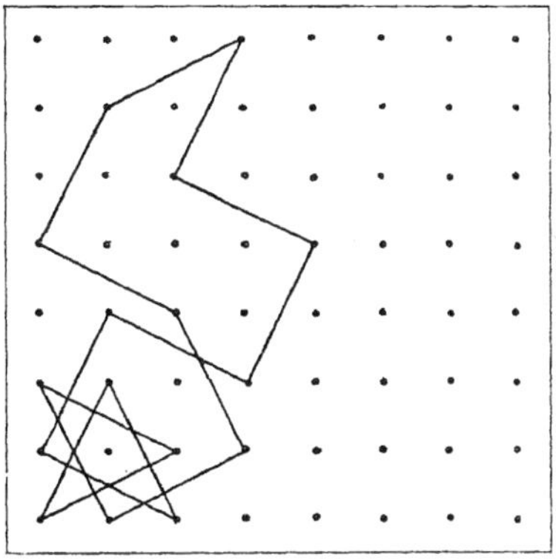

roues à rochet, des tourniquets, des croix grecques, des dents de scie, des croix de Saint-André, des losanges, des étoiles, des vis, des casse-noisettes, des sabliers, etc.

On peut alors, avec l'aiguille ou le crochet, reproduire les dessins sur le canevas et obtenir des tapisseries très originales.

PROCÉDÉ DE WARNSDORF [1].

C. de Warnsdorf a proposé une règle pour résoudre le problème

[1] C. DE WARNSDORF, *Des Rösselsprunges einfachste und allgemeinste Lösung* (Berlin, 1823).

du cavalier avec une rigueur scientifique, sans aucun tâtonnement, sans faux pas. Voici son énoncé :

1° A chaque coup, on joue le cavalier sur la case conjuguée qui communique par le plus petit nombre d'issues avec la partie encore inoccupée de l'échiquier;

2° Si, à un coup quelconque, il se présente plusieurs cases qui offrent le même nombre minimum d'issues, on est libre de jouer le cavalier sur l'une quelconque d'entre elles.

Ainsi, lorsque le cavalier aura le choix entre plusieurs cases de transport qui offriront un égal minimum d'issues ultérieures, nous prendrons l'une d'elles, au hasard, qui conduit à une solution différente; celle-ci à son tour peut donner naissance, dans la suite, à d'autres variantes, et quelquefois à des impossibilités. D'ailleurs, le nombre total des solutions qu'on obtient ainsi est assez limité, en appliquant rigoureusement la règle, en sorte qu'on peut se proposer de l'épuiser pour un point de départ donné. De plus, il est assez pénible de compter à chaque coup le nombre des issues qu'il ouvrira au cavalier, selon le choix que l'on fera de la case de transport. En effet, les stations numérotées antérieurement font subir une diminution irrégulière et variable du nombre des cases conjuguées sur l'échiquier vide, de telle sorte que la difficulté augmente encore dans la seconde moitié de la route.

Mais nous devons ajouter que ces inconvénients sont largement compensés par une particularité inhérente à la règle de Warnsdorf et qui ne peut que surprendre au premier abord. C'est que les infractions involontaires à la règle ne font presque jamais manquer le trajet. La même chose peut se dire des infractions volontaires au précepte dont l'auteur a donné beaucoup d'exemples en le réduisant ainsi à un procédé de tâtonnement pratique. On peut même, systématiquement, tracer des courses du cavalier jusqu'au delà du quarantième saut, dans un ordre tout à fait contraire au précepte de Warnsdorf, et appliquer ensuite celui-ci, avec succès, à l'achèvement de la route, malgré l'état presque désespéré de son commencement. Cela tient au nombre immense des courses et des circuits possibles.

Il faut encore reconnaître que le procédé en question ne s'applique pas aux circuits symétriques. On a essayé, tout en dirigeant le cavalier d'après la règle du minimum des issues, de numéroter en même temps, d'après la méthode d'Euler, les cases diamétralement opposées, et de considérer ces cases comme occupées. Mais ces essais de Jænisch n'ont alors réussi qu'imparfaitement, de telle sorte que Vencélidès, qui, plus que nul autre, s'est occupé du sujet, conseille de ne suivre la règle pour les circuits symétriques que jusqu'au vingtième saut, en terminant la figure par des tâtonnements. En revanche, il est assez facile d'obtenir par ce procédé des circuits non symétriques.

Dans un second Mémoire (¹), Warnsdorf déclare sa règle applicable aux courses sur tous les échiquiers rectangulaires d'un nombre pair de cases, mais tels que chacun des côtés en renferme au moins six; il complète sa méthode en l'appliquant aux courses dont les extrémités sont désignées à l'avance sur des cases de couleurs différentes. On inscrit d'abord les nos 1 et 64 sur les cases données que l'on considère comme occupées, et l'on applique la règle ordinaire. Puis, si le cavalier a le choix entre différentes stations offrant un égal minimum d'issues, et qu'une ou plusieurs de ces stations communiquent avec la case 64, on ne devra jamais

(¹) *Schachzeitung*, 1858, p. 492 (Berlin).

la porter à celles qui sont dans ce cas, à moins qu'il n'y en ait pas d'autre. Lorsqu'il ne reste plus qu'une seule case en communication avec 64, on y inscrit aussitôt le nombre 63, et l'on applique le procédé qui précède aux cases 1 et 63. Enfin, tout ce qui a été fait pour les cases 64, 63, s'applique successivement aux cases qu'on devra marquer 62, 61, au fur et à mesure que la course approchera de sa fin.

Jænisch a encore montré que la règle de Warnsdorf résout complètement le problème du cavalier pour le rectangle de 3 sur 4 cases et pour l'échiquier de 25 cases en prenant pour case initiale l'un des coins ou la case du centre. En outre, il a donné des exemples qui prouvent que la seconde partie de la règle est parfois en défaut.

En résumé, le procédé ne conduit qu'aux solutions les moins élégantes du problème, son application rigoureuse est pénible, et les nombreuses infractions que l'on peut commettre, bien que constituant une ressource empirique très précieuse, ne reposent sur aucun principe certain. Mais il faut dire qu'à défaut d'une démonstration mathématique, le nombre prodigieux d'essais faits jusqu'à ce jour ne permet guère de douter de l'exactitude de la première partie de la règle.

MÉTHODE DE M. FLYE SAINTE-MARIE.

M. Flye Sainte-Marie, répétiteur à l'École Polytechnique, a donné, dans le *Bulletin de la Société mathématique* (t. V, p. 144), un ingénieux procédé pour déterminer le nombre total des courses du cavalier sur les trente-deux cases de la moitié de l'échiquier ordinaire et, plus généralement, sur les cases d'un échiquier de quatre cases de largeur et de longueur quelconque.

La *fig.* 60 représente la moitié de l'échiquier ordinaire; les trente-deux cases sont divisées en deux *groupes* de seize cases. Le

Fig. 60.

1	3'	5	7'	9	11'	13	15'
2	4'	6	8'	10	12'	14	16'
2'	4	6'	8	10'	12	14'	16
1'	3	5'	7	9'	11	13'	15

premier groupe est composé des cases numérotées avec des chiffres sans accent, et le second des cases ombrées et garnies de chiffres accentués. Nous appellerons *cases extérieures* toutes les cases des rangées supérieure et inférieure, et *cases intérieures* toutes les autres; nous observerons, de plus, que les cases extérieures du premier groupe, désignées par des nombres impairs, sont de même couleur, sur l'échiquier, et que les cases extérieures de l'autre groupe sont de la couleur opposée. De plus, les cases intérieures, désignées par des nombres pairs, sont de même couleur, contraire à celle des cases extérieures du même groupe.

Cela posé, nous allons démontrer la proposition suivante qui s'applique à l'échiquier rectangulaire de quatre cases de hauteur, et de longueur quelconque.

Théorème. — *La course sur l'échiquier de quatre rangées se compose nécessairement d'une course sur toutes les cases de l'un des groupes, suivie d'une course sur toutes les cases de l'autre groupe* [1].

En effet, en prenant, pour plus de simplicité, l'échiquier représenté dans la *fig.* 60, la course complète du cavalier sur toutes les cases du rectangle forme un contour polygonal ouvert de 31 côtés et de 32 sommets; à 30 de ces sommets aboutissent deux côtés, et à chacune des extrémités, qui appartiennent aux cases de départ et d'arrivée, ne correspond qu'un seul côté. De plus, on observera qu'une case extérieure quelconque n'a pour conjuguées que des cases intérieures de son groupe; par suite, le contour polygonal contient au moins un côté joignant les centres de deux cases intérieures de groupes différents, puisque toutes les cases doivent être parcourues. Mais, d'autre part, parmi les seize cases extérieures, il y en a au moins quatorze dont les centres sont chacun les intersections de deux côtés tous différents. En ajoutant le trait qui joint deux cases intérieures, cela fait déjà 29 traits; par conséquent, les deux autres traits qui doivent compléter le nombre de 31 aboutissent chacun à une seule case extérieure. Il n'y a donc, en définitive, qu'un seul trait joignant des cases intérieures, c'est-à-dire un seul passage d'un groupe à l'autre.

Il résulte encore de cette proposition les propriétés suivantes, connues d'Euler, mais dont la démonstration avait échappé à sa sagacité :

[1] L'énoncé de ce théorème était connu depuis longtemps, car nous trouvons le passage suivant dans le *Traité des applications de l'Analyse mathématique au jeu des échecs*, par le major C.-F. de Jænisch, publié à Saint-Pétersbourg, en 1862 (t. II, p. 46): « La démonstration rigoureuse de ce théorème ou fait d'observation *incontestable* manque jusqu'à ce jour, et l'on peut dire que celui qui l'aurait trouvée aurait découvert, en même temps, la solution du problème des courses bi-parties ».

Les extrémités d'une course sur l'échiquier de quatre rangées appartiennent à deux cases extérieures de l'un et de l'autre groupe.

La course sur l'échiquier de quatre rangées de largeur, et de longueur quelconque, n'est jamais rentrante et ne peut donner de circuit.

LA COURSE SUR SEIZE CASES.

Pour déterminer le nombre des courses sur le demi-échiquier, il faut d'abord connaître le nombre des courses sur les seize cases d'un groupe; cette course comprend seize cases; deux traits aboutissent à quatorze d'entre elles, un seul trait aboutit à la case de départ et à la case d'arrivée; de ces deux cases l'une est extérieure et l'autre intérieure, et le nombre des chemins pour aller de l'une quelconque à l'autre est le même, mais les parcours se font dans des directions contraires. Nous pouvons donc toujours prendre pour case de départ une de celles qui portent un numéro impair, c'est-à-dire une case extérieure.

En second lieu, on reconnaît immédiatement que les trajets sont deux à deux symétriques par rapport au centre de la figure; ainsi, par exemple, le nombre des trajets de la case 3 à la case 6 est égal au nombre des trajets qui vont de 13 à 12. Par conséquent, pour compter toutes les solutions, il suffira de partir de l'une des cases 1, 3, 5, 7.

En troisième lieu, une solution étant trouvée, on peut en déduire immédiatement une autre, que nous appelons *solution adjacente*. Ainsi soit la solution

1, 4, 7, 6, 3, 2, 5, 8, 9, 14, 15, 12, 13, 16, 11, 10,

elle a pour solution adjacente

2, 3, 8, 5, 4, 1, 6, 7, 10, 13, 16, 11, 14, 15, 12, 9.

Les deux solutions se déduisent l'une de l'autre en *remplaçant les numéros impairs* par les numéros suivants, et *les numéros pairs* par les précédents. Par conséquent, il y a autant de manières d'aller de la case 1 à la case 10 que de trajets allant de 2 à 9.

COURSES RENTRANTES SUR SEIZE CASES.

Les courses rentrantes passant par les seize cases d'un groupe contiennent nécessairement les traits qui joignent la case 1 aux cases 4 et 6; celles qui joignent la case 2 aux cases 3 et 5; celles qui joignent la case 15 aux cases 12 et 14; enfin celles qui joignent la case 16 aux cases 11 et 13.

Il reste donc à tirer les huit autres traits; par un petit tâtonnement, on reconnaît facilement qu'il n'y a que huit courses rentrantes :

1, 4, 5, 2, 3, 8, 9, 12, 15, 14, 11, 16, 13, 10, 7, 6.
1, 4, 5, 2, 3, 8, 9, 14, 15, 12, 13, 16, 11, 10, 7, 6.
1, 4, 5, 2, 3, 8, 11, 16, 13, 10, 7, 12, 15, 14, 9, 6.
1, 4, 7, 10, 5, 2, 3, 8, 11, 16, 13, 12, 15, 14, 9, 6.
1, 4, 7, 10, 11, 16, 13, 12, 15, 14, 9, 8, 5, 2, 3, 6.
1, 4, 7, 10, 13, 16, 11, 14, 15, 12, 9, 8, 5, 2, 3, 6.
1, 4, 7, 10, 15, 14, 9, 8, 11, 16, 13, 10, 5, 2, 3, 6.
1, 4, 7, 10, 15, 14, 11, 16, 13, 10, 5, 2, 3, 8, 9, 6.

Il n'y a donc que huit courses rentrantes sur les seize cases d'un groupe. Par suite, en supprimant l'un quelconque des seize traits, on trouve le nombre des trajets qui vont de l'une des cases occupant l'une des extrémités de ce trait à l'autre case.

Ainsi, il y a huit routes de 1 à 4 ou de 1 à 6; pour celles qui vont de 3 à 8, il suffit de prendre dans le Tableau précédent les

Fig. 61.

	1	3	5	7	9	11	13	15	S
2	22	8*	8*	16	13	8	10	33	118
4	8*	4	3*	5*	3	3	6	10	42
6	8*	3*	2	2*	3*	3	3	8	32
8	16	5*	2*	6	6*	3*	3	13	54
10	13	3	3*	6*	6	2*	5*	16	54
12	8	3	3	3*	2*	2	3*	8*	32
14	10	6	3	3	5*	3*	4	8*	42
16	33	10	8	13	16	8*	8*	22	118
S	118	42	32	54	54	32	42	118	

solutions qui contiennent consécutivement les nombres 3 et 8; ce sont les quatre premières et la dernière; il y a donc cinq trajets ayant pour extrémités les cases 3 et 8.

Pour construire toutes les courses sur seize cases, nous ferons un Tableau (*fig.* 61) comme la Table de multiplication. Une première ligne contient les cases extérieures ou les numéros impairs; une première colonne, les cases intérieures ou les numéros pairs; ainsi, de 1 à 4, il y a 8* solutions. Nous plaçons d'abord toutes celles qui nous sont révélées par les courses rentrantes; nous les avons marquées d'un astérisque. Avec un peu de patience et d'attention, et tenant compte des traits de position forcée, on termine le Tableau.

La dernière colonne S indique qu'il y a 118 solutions qui aboutissent à la case 2, 42 qui aboutissent à la case 4, et ainsi de suite; de même pour la dernière ligne.

LES COURSES SUR LE DEMI-ÉCHIQUIER.

Pour parcourir toutes les cases du demi-échiquier, il faut parcourir successivement les cases d'un groupe, puis celles de l'autre, en les réunissant par l'un des *traits d'union*

2-6', 4-8', 6-10', 8-12', 10-14', 12-16',

ou leurs symétriques par rapport à la médiane horizontale, ainsi que cela résulte de la théorie de Flye Sainte-Marie.

Le nombre des courses complètes et distinctes sur le demi-échiquier, par le trait d'union 2-6', est évidemment le produit des courses d'un groupe qui se terminent par 2 et commencent par 6', ce qui donne :

Pour le trait d'union	2-6'........	118 × 32 = 3776
» »	4-8'........	42 × 54 = 2268
» »	6-10'.......	32 × 54 = 1728
	Total.............	7772

Pour des raisons de symétrie faciles à comprendre, il est inutile de considérer les autres traits d'union : en résumé, nous avons démontré le théorème suivant dû à Flye Sainte-Marie :

Le nombre des manières distinctes de faire parcourir au cavalier la moitié de l'échiquier est 7772.

Circuits complets bi-partis.

Le problème d'Euler, non résolu jusqu'à présent, consiste à déterminer le nombre total des courses rentrantes, symétriques par rapport au centre, ou non symétriques, sur l'échiquier de 64 cases. L'ingénieuse méthode que nous venons d'exposer permet de déterminer le nombre des circuits bi-partis, formés de deux courses indépendantes l'une de l'autre sur chaque demi-échiquier, mais raccordées entre elles, en tête et en queue, ainsi que nous l'avons fait pour deux chaînes symétriques, donnant la course de Gianutio (*Récréations mathématiques*, t. IV, p. 213, *fig.* 154).

Dans sa *Géométrie de l'échiquier*, Laquière a donné la solution complète du problème; mais nous n'indiquerons que les résultats.

Le nombre des circuits bi-partis, ou par demi-échiquier, sur l'échiquier de 64 cases est 1 940 884.

Si l'on considérait comme distincts les circuits symétriques entre eux, deux à deux, il faudrait multiplier ce nombre par 4. Enfin, si l'on tenait compte des courses en sens inverse, ainsi que de la double manière de diviser l'échiquier en deux rectangles égaux, il faudrait encore multiplier par 4, ce qui fait

31 *millions* 54 *mille* 144 *circuits bi-partis.*

Mais si l'on n'assemble que les demi-chaînes symétriques par rapport au centre, on trouve qu'il y a

3872 *circuits bi-partis symétriques.*

SYMÉTRIES IMPOSSIBLES.

Le contour polygonal, figurant la course ouverte du cavalier, ne peut présenter, dans le cas de l'échiquier ordinaire et, en général, dans celui d'un échiquier carré ou rectangulaire contenant des cases en nombre pair, aucun caractère de symétrie. En d'autres termes, le contour ne peut se composer de deux parties superposables, en repliant la course dessinée sur une feuille de papier, soit autour de l'une des médianes, soit autour de l'une des diagonales de l'échiquier. En effet, si l'on groupe deux par deux les côtés d'une chaîne ouverte, l'un d'eux reste isolé, puisque leur nombre est impair; donc ce côté devrait se composer de deux moitiés superposables dans le repliage. Ainsi l'un des côtés serait perpendiculaire à une médiane ou à une diagonale, ce qui est reconnu impossible d'après l'examen des traits joignant deux cases conjuguées.

De même, la chaîne ouverte ne peut être symétrique par rapport au centre de l'échiquier contenant un nombre pair de cases, puisque ce centre ne peut coïncider avec le milieu d'un côté. Mais la chaîne ouverte peut être symétrique par rapport au centre d'un échiquier dont le nombre des cases est impair.

Par le procédé d'Euler, nous avons vu que le circuit, ou la

chaîne fermée, peut être symétrique par rapport au centre; mais il est démontré qu'une chaîne fermée ne peut être symétrique, soit par rapport à une médiane, soit par rapport à une diagonale de l'échiquier carré de grandeur quelconque, contenant un nombre pair de cases.

Nous laissons ici, pour l'instant, nos études sur le cavalier; mais nous nous promettons d'y revenir, car nous n'avons qu'effleuré le sujet [1].

LES CADRES.

La méthode de Collini peut être étendue à des échiquiers de grandeur quelconque, si l'on observe que l'on peut tracer sur les cases d'un *double cadre* (deux cases de largeur) entourant un carré, deux circuits partiels si le carré intérieur est impair, et quatre si le carré intérieur est pair.

Le cas le plus simple est celui où le cadre entoure une case unique, comme dans le carré de 25 cases (*fig.* 62). En modifiant légèrement cette figure, on obtient facilement les deux courses, sur 25 cases représentées dans les carrés intérieurs des *fig.* 63 et 64. Dans la première, facile à retenir puisque le cavalier tourne continuellement dans le même sens, on part d'un coin pour aboutir au centre; dans la seconde, symétrique par rapport au

(1) La mort n'a pas permis à Lucas de donner suite à ce projet. Nous avons reproduit soit ici, soit dans le tome IV des *Récréations mathématiques*, tout ce qu'il a rédigé sur cette question. Nous avons pu combler les lacunes que présentaient ses notes, au moyen de la brochure accompagnant son jeu appelé *la Fasioulette*.

centre, on part d'un coin pour aboutir au coin opposé. L'intérieur de la *fig.* 65 donne une course d'un coin à un coin adjacent.

Fig. 62.

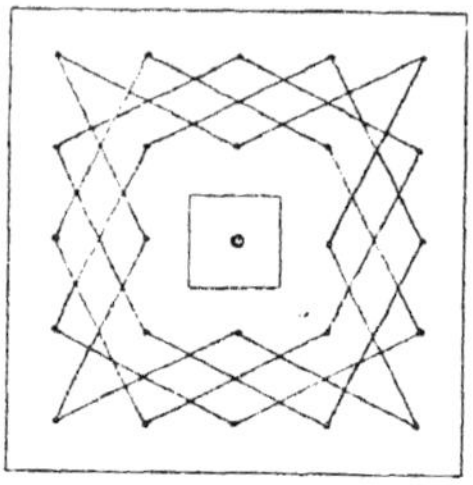

D'autre part, ces mêmes figures nous font voir comment on peut tracer des courses complètes sur tous les échiquiers carrés dont le

Fig. 63.

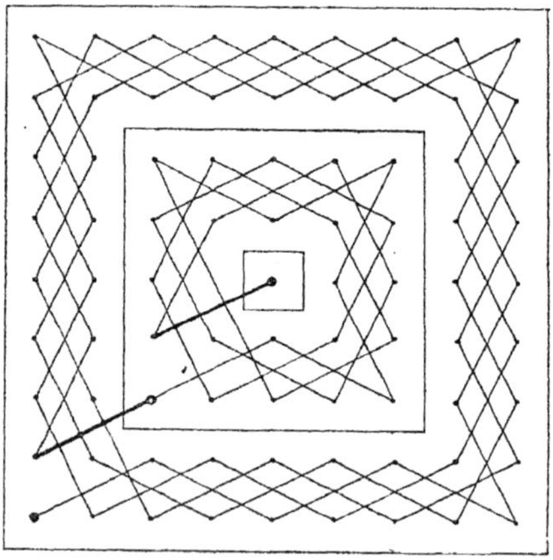

côté contient $(4n + 5)$ cases, en partant d'un coin pour aboutir à un autre quelconque, ou au centre; les gros traits indiquent les lignes de soudure.

Dans le cadre (*fig.* 63), tourner toujours dans le même sens,

Fig. 64.

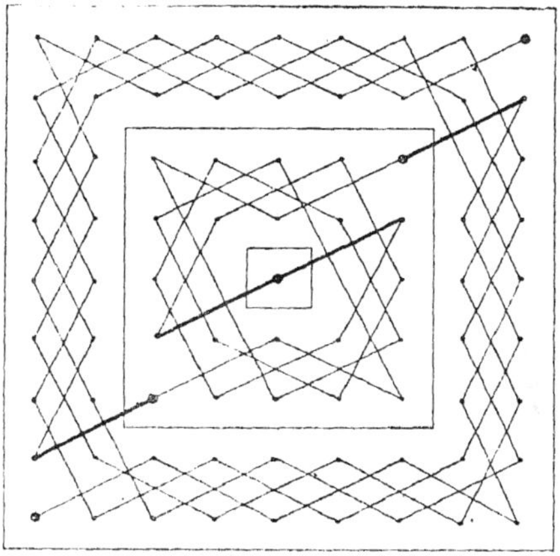

en se rapprochant le plus possible du bord extérieur; dans le

Fig. 65.

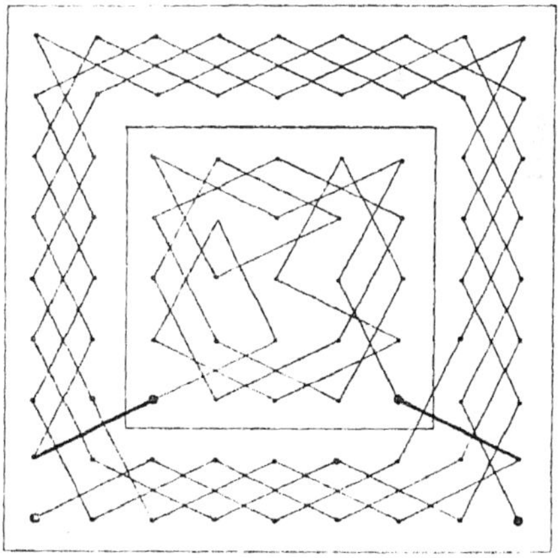

cadre (*fig.* 64), tourner toujours dans le même sens en évitant le coin opposé, dans la première partie du parcours, et continuer à tourner dans le même sens en sortant du carré central; dans le cadre (*fig.* 65), éviter le coin adjacent.

Fig. 66.

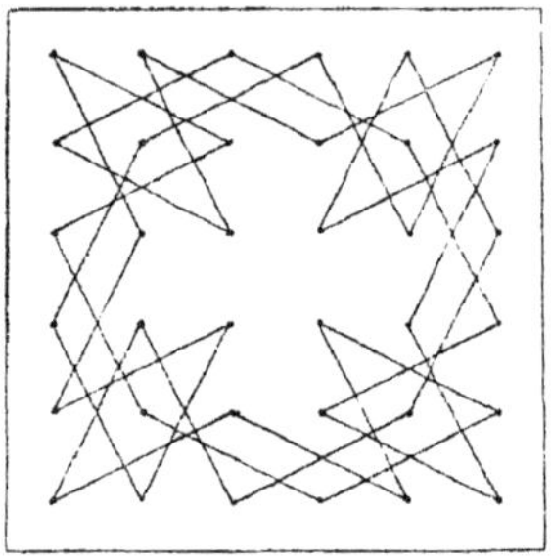

La *fig.* 66 donne un circuit symétrique sur l'échiquier de

Fig. 67.

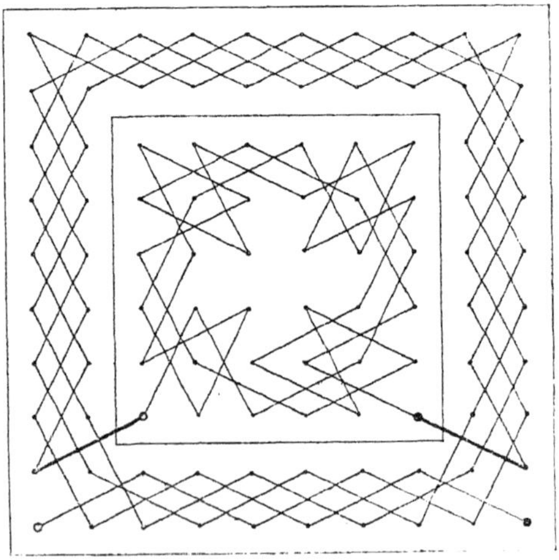

36 cases; en le modifiant légèrement, on obtient une course d'un

coin à un coin adjacent, ainsi qu'on le voit dans le carré intérieur de la *fig.* 67. Cette dernière figure est bordée d'un cadre que l'on peut allonger de quatre cases dans le sens de la longueur. Par suite, on peut appliquer cette méthode aux échiquiers dont le côté est $4n + 6$, pour obtenir des courses d'un coin à un coin adjacent.

On peut également obtenir ainsi des courses d'un coin à un coin adjacent sur les échiquiers de $4n + 8$ cases de côté.

D'après le procédé que nous avons décrit, pour aller d'un coin au centre ou à un autre coin, sur les échiquiers de $4n + 5$ cases de côté, on unit entre elles les deux chaînes de bordure avant de parcourir d'un trait continu le carré central.

Ce procédé n'est pas applicable aux échiquiers de $4n + 7$ cases de côté, car il est impossible d'unir, en aucun point, une des chaînes de bordure à l'autre. Il faut alors employer le procédé de Delannoy, qui consiste à parcourir l'échiquier, d'un coin à l'avant-dernière case de la diagonale qui passe par ce coin; méthode qui s'applique également aux échiquiers de $4n + 5$ cases de côté.

Cette méthode a été exposée comme il suit par Delannoy, dans une Note qui fait suite à l'Ouvrage du général Frolov sur les carrés magiques [1] :

Méthode pour trouver une marche de cavalier sur un échiquier de grandeur quelconque, quand on sait exécuter cette marche sur les échiquiers de 5, 6, 7 *et* 8 *cases de côté.*

[1] Frolov. *Les carrés magiques.* Nouvelle étude suivie de Notes par MM. Delannoy et Édouard Lucas. Grand in-8, avec 7 planches; 1886 (Paris, Gauthier-Villars).

I. — ÉCHIQUIERS IMPAIRS (*fig.* 68 et 69).

Dans une bordure de deux cases de largeur, dont le côté est impair, on peut toujours tracer deux marches rentrantes.

Par suite, en entourant d'une bordure de deux cases un échi-

Fig. 68.

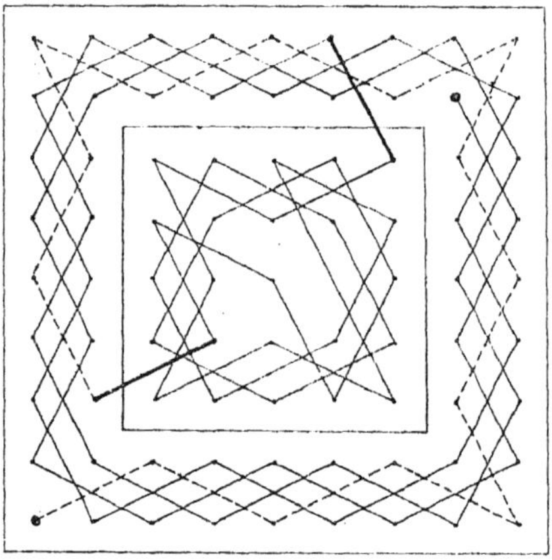

Marche sur les échiquiers de $(4n + 5)$ cases.

quier de $4n + 5$ ou de $4n + 7$ cases de côté, on pourra toujours tracer une marche du cavalier de la manière suivante :

1° En partant d'un coin, décrire la première marche de bordure qui se termine sur la case conjuguée avec la case de départ;

2° Passer de là sur la seconde case de la diagonale du carré intérieur, parcourir ce carré d'un trait continu et finir sur la dernière case de cette diagonale;

3° Passer sur la case la plus éloignée du coin opposé au coin de départ et décrire la deuxième marche de bordure, qui se termine

Fig. 69.

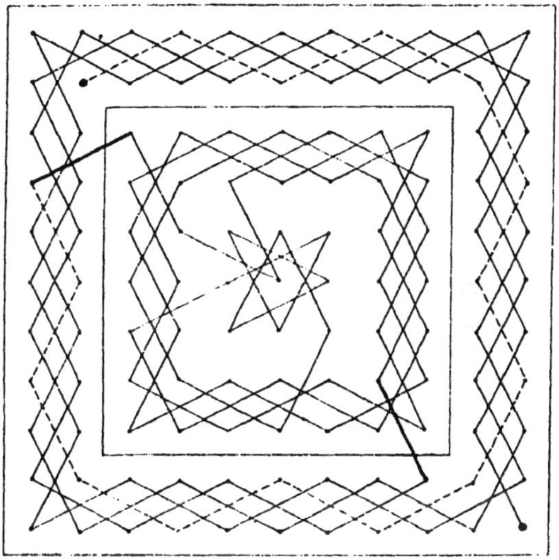

Marche sur les échiquiers de $(4n+7)$ cases.

sur l'avant-dernière case de la diagonale passant par le coin de départ.

II. — ÉCHIQUIERS PAIRS.

Le cadre bordure de deux cases des échiquiers pairs comprend quatre marches rentrantes qui, réunies deux à deux, se transforment en deux marches non rentrantes.

De là la méthode suivante pour tracer une marche du cavalier sur un échiquier de $4n+6$ ou de $4n+8$ cases de côté :

1° En partant d'un coin, décrire la première marche de bordure qui se termine sur la case située au-dessus de la case de départ;

2° Passer de là sur la première case de la diagonale du carré intérieur, parcourir ce carré d'un trait continu et finir sur le coin adjacent;

3° Décrire la deuxième marche de bordure qui se termine sur le coin adjacent au point de départ (*fig.* 67).

La loi de formation de la marche du cavalier sur un échiquier carré quelconque, de plus de 8 cases de côté, peut donc s'énoncer dans les mêmes termes pour les échiquiers pairs et pour les échiquiers impairs, savoir :

Parcourir d'un trait continu :

1° La première marche de bordure;

2° Le carré intérieur;

3° La deuxième marche de bordure.

Le carré intérieur se parcourt d'un coin au coin adjacent pour les échiquiers pairs, et d'un coin à l'avant-dernière case de la diagonale passant par ce coin (ou inversement) pour les échiquiers impairs.

Il n'y a jamais d'hésitation pour tracer les marches de bordure, car on doit toujours se rapprocher le plus possible du bord extérieur.

Sur les *fig.* 68 et 69 nous avons représenté par des lignes pointillées la marche de bordure la plus courte.

FIN.

TABLE DES MATIÈRES.

Chapitre Deuxième. — *Le Calcul rapide.*

Chapitre Troisième. — *Les progressions arithmétiques.*

CHAPITRE QUATRIÈME. — *Les progressions géométriques.*

NOTES.

FIN DE LA TABLE DES MATIÈRES.

4538. — Paris, Imp. Gauthier-Villars et fils, 55, quai des Grands-Augustins

Made in United States
Troutdale, OR
11/03/2026

56844507R00153